ハエ　人と蝿の関係を追う

ハエ

人と蠅の関係を追う

篠永　哲

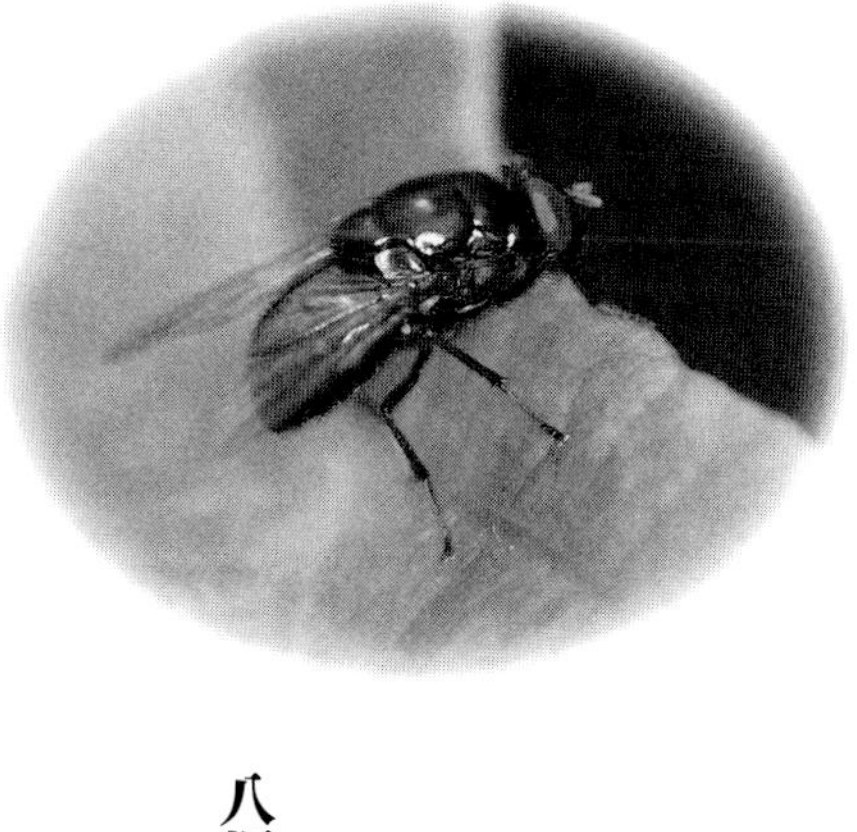

八坂書房

目次

まえがき　11
出会い　11／ハエの海外学術調査　13

南太平洋の島々・東南アジア

ハワイ諸島　―ハエ固有種の宝庫―　19
ビショップ博物館　19／山中に逃避した固有の生物たち　23／
固有種が多いハワイのハエ相　26
小笠原諸島　―洋上に孤立した動物たち―　29
アフリカマイマイと広東住血線虫　29／
小笠原固有のハエはどこからやってきた？　30
インドネシア　―錯綜するハエ相―　33
ウォーレス線の両側を見たい　33／インドネシア調査の壁　36
「バウー」を持って　39／標本は宝物　42／

セレベスからアンボン島へ　43／幅三〇キロの海峡　46／
小スンダ列島―地理的に隔離された島々―　49

ニューギニア　―複雑な昆虫相の島々―　52
夢に見たニューギニア　52／
ラエからニューブリテン島、ニューアイルランドへ　56／
ハエと人との出会い　58／ニューギニアのハエはわからないことばかり　60／
牛とともに分布を拡げるハエたち　65

ソロモン群島から西サモアへ　―南太平洋島嶼群にハエを追う―　68
金色のニクバエを求めて　68／新種発見も楽しみのひとつ　71／
バヌアツでの採集―複雑なハエ相―　72

ニューカレドニア　―オーストラリアともニューギニアとも違う島―　75
南太平洋島の原生林で　75／
よく調べられているフィジーのハエ　77／西サモア国にて　82

フィリピン　―熱帯雨林と寄生虫とゲリラの影の中で―　85
大陸につながっていた島、パラワン島　86／模式産地マッキンリー山　88／
レイテ島―日本住血吸虫症の島で―　90／
バナナとヤシのプランテーションの島　92

タイ国　―異常気象の中で―　95
昆虫の飛ばない熱帯の森　96
マレー半島とボルネオ　―エビの養殖とハエ―　99
エビとイエバエとマングローブ　100／ボルネオ島―サバ、サラワクの森で―　104／ロングハウスを見に行く　109／シンガポールでの調査　111
台湾　―雨の調査行―　113
雨に閉ざされた玉山のハエ　113／高山性のハエに南西諸島との違いが　115

西南アジア・アフリカ

ネパールとインド　―ヒマラヤ高地から熱帯まで―　121
届かない調査の許可証　121／アンナプルナへの道でヤマビルと闘う　124／エベレスト街道でハエを追う　126／タライ平原―インド国境の平地―　132

インド　―イエバエの里―　135
ベンガル湾沿いの地域にて　137／ハエとサリーとマーケット　140
パキスタン　―放牧地とハエ―　145
駆け足の調査行　145／氷河末端の村で　147／
キルギットからフンザへ　151／中国との国境地帯で　155／ブユの谷　156
ナイジェリア　―ツェツェバエの国―　161
イフェ大学へ　161／はじめて見るハエに興奮の日々　162／
チャド湖への調査旅行　166／二つの国立公園とツェツェバエ　170
マダガスカル　―固有種の楽園にて―　172
マダガスカルの固有種を探して　174／乾燥地帯の昆虫たち　178

再び東南アジア・日本へ

ベトナム　185
熱帯の高原と森林のハエ　185／ハエのいない森　189／

中国との国境地帯から新種のイエバエ　191

南西諸島　―熱帯からの回廊―　194

奄美黄島と徳之島　195／島ごとに分化したニクバエ類　197／
石垣島と西表島　200／東洋熱帯から拡がったイエバエ　203／
南西諸島のミズギワイエバエ　204

おもな参考文献　206

昆虫名索引

まえがき

出会い

私が、「医学昆虫学（Medical Entomology）」という学問分野があることを知ったのは、一九五九年に大学を卒業して当時神奈川県の相模大野にあった米軍の医学研究所の昆虫部に就職してからです。学生時代には、汚水生物学、特に工場排水や鉱山廃水の水生昆虫への影響を調べていたので、まったく異なる分野に飛び込んだわけでした。この研究所には、アブの研究で有名な自衛隊衛生学校の高橋弘先生やハエの研究の草分けである東京医科歯科大学の加納六郎先生が毎週来られて、アブやハエのモノグラフ執筆のためのカラー図版の指導をされていました。ここには、多くのイラストレイターが働いており、アメリカの研究者の依頼で、昆虫、ダニ、サソリなどの図を描いていたのです。日本産のアブやハエのモノグラフも、後に米軍の研究者との共著で出版されました。

研究所での私の仕事は、日本脳炎の媒介蚊コガタアカイエカの採集、アカイエカ、イエバエやチャバネゴキブリなどの殺虫剤抵抗性のテストが主でした。その当時、住友化学により開発され、現在でも防疫用殺虫剤として広く使用されているスミチオンのテストも国立予防衛生研究所の研究部よりも先に行なった記憶があります。毎週来所されていた加納六郎先生の影響で、コガタアカイエカ採集のついでにハエの採集もすることにしました。コガタアカイエカの採集によく通った宮内庁の新浜御料場（現在の東西線行徳駅のそば）は、当時水田の中で孤立していて、ここでは、日本にはほとんど標本のなかったカエルキンバエやトゲニクバエなどを採集して加納先生が大喜びされたこともあります。

このようなきっかけで一九六三年から加納先生の教室で研究することになりました。一九六五年には助手として採用され、二〇〇二年に定年退官するまでおよそ四〇年間勤務したことになります。この間、何回か外国にも出張させてもらいました。一九六六〜六七年の一年間は、ホノルルのビショップ博物館昆虫部に滞在し、ニューギニアなど南太平洋地域のハエ類の研究のきっかけをつくり、熱帯地域のハエ類に惹かれていったのです。一九七七年には、ＪＩＣＡによりアフリカのナイジェリアのイフェ大学に一年間派遣されました。一九七九〜八〇年にかけては、文部省の在外研究員としてロンドンの大英自然史博物館にも一〇カ月間滞在しました。この間に、ヨーロッパの主要な博物館を訪ねて、ニューギニア、東洋区などのタイプ標本を調べてきました。このときの資料が現在まで東洋熱帯地域のハエ類研究の基礎となっています。

ハエの海外学術調査

一九七三年からは、加納先生を研究代表者とする文部省の科学研究費による海外学術調査に参加することになりました。われわれの研究室では、医学部という応用科学の分野ですので、衛生害虫としてのハエの調査を主として申請しました。衛生害虫というのは、ヒトや家畜などに害を与えるもしくは感染症の媒介をするなどの昆虫類やダニ類のことです。しかし、それだけでは諸外国で調査する意味もありません。衛生害虫の調査と同時に、その地域にどのようなハエが生息しているか、それらが害虫化している種とどのようなつながりがあるかの調査も行ないました。

私は、文部省へ提出する計画書調書作成、外国への研究許可申請、共同研究者との交渉などすべてをほとんど一人で行ないました。文部省への計画調書は、かなり高額の補助金を受けるのですから当然のことです。これが、外国での調査となると当事国の関係機関の許可が必要となります。最初に計画したのはインドネシアとニューギニア、その後は、東南アジア、南西アジアの各国でハエの調査を行ないました。二〇〇二年までの調査回数は、私費での調査も含めて約二〇回になります。この本では、これまでに私の経験した熱帯地域でのハエ採集と、そこに住む人々や研究者との交流について書くことにします。本書に出てくるハエとは、衛生害虫としてのハエ類を多数含む、イエバエ科、クロバエ科、ニクバエ科などの大型のハエ類を指します。これらの三科には、病原体の媒介者や伝搬者となる、多数発生して不快感を与えるなど、いわゆる衛生害虫としての種がたくさん含まれています。しかし、衛生害虫は人の生活環境下に生息するので、世界共通の種も多いのです。われわれの調査目的のひとつには、これらのハエ類がどのように害虫化したのかを解明することも含まれています。そのためには、それらを含む科全体を調べる必要もあります。このような訳で、この三科のハエを研究の対象としてきました。本書では、これまでに行なった国内外のハエ類の調査について紹介します。

この書を発刊するまでには、多くの方々にお世話になりました。最初に教室員として採用してくださった故加納六郎先生、共同研究者として最初から学術調査に参加していただいた国立感染症研究所の倉橋弘博士、九州大学の嶌洪博士、共同研究者としてニューギニアやマダガスカルの調査に参加させてくださったサントリー有機科学研究所所長中嶋暉躬博士、ニューギニア中央高地の調査に参加させていただいた九州大学の平嶋義宏先生、パキスタンでの調査に参加させてくださった富山医科薬科大学の上村清博士などをはじめ、ここにお名前を記せませんが、文中に出てくる多くの方々に謝意を表します。八坂書房の中居恵子さんには、原稿を読んでいただき私の気づかない多くのアドバイスをいただきました。ここに深謝いたします。

南太平洋の島々・東南アジア

ハワイ諸島
―ハエ固有種の宝庫―

ビショップ博物館

ホノルルにあるビショップ博物館は、ハワイ諸島はもとより南太平洋地域のメラネシア、ポリネシア、ミクロネシアなどの考古学的研究をはじめ、昆虫類など動物学的研究でもよく知られた博物館です。ビショップ博物館へ行くきっかけとなったのは昆虫部部長のグレセット博士（Dr. Gressett）から加納教授への依頼状でした。ニューギニアやボルネオなどの双翅目《そうしもく》昆虫の標本整理（sorting）の仕事のできる人物を求めてきたのでした。ニューギニアなどで採集した昆虫を台湾や日本で標本に作製しラベルを付けたものをホノルルに送ってきます。それらを科（Family）単位まで分類する役割です。双翅類（ハエ、アブ、カの仲間）は、国内だけでも五〇科もあり

＊**双翅目昆虫**（双翅類またはハエ目）　ハエ、アブ、蚊の仲間。後翅が退化して、前翅のみなので、双翅（二枚の翅）目という。

ます。その科ごとに専門の研究者がいるくらいです。その研究の前段階まで分類しておかなければなりません。それが私の仕事でした。それが終われば、時間外には好きな研究をしてもよいという条件でした。私の前任者は九州大学の三枝豊平先生で、すでに帰国されていました。当時、外国へ行くのはたいへんなことでした。アメリカの場合には健康診断書、X線写真も必要でした。健康診断では寄生虫検査も含まれていたのです。公用旅券の番号は一一九四九、第二次大戦後、まだ一万人くらいしか公用で外国に行っていなかった頃です。一ドル三六〇円、外貨は当時の法律で二〇〇ドルしか持ち出すことができませんでした。一九六六年五月、当時の国際空港羽田から出発しました。

ホノルルには、日系二世でグレセット博士の秘書をしていた中田セツ女史が迎えに来てくれていて、彼女の案内で宿舎となる寮に入りました。その当時の寮費は朝夕二食付きで七〇ドル、月給は、三四〇ドルでした。当時のハワイ大学の助手の給料が七〇〇ドル、私の日本での月給が約三万円（およそ八四ドル）でした。それでも、ホノルルに来られたことが嬉しくて不満もありませんでした。私を呼んでくださったグレセット博士は、幼少の頃日本で育った方で、日本語も話せました。研究一筋、いつも顕微鏡を

ビショップ博物館の外観　一九世紀にハワイ諸島を統一したカメハメハ王朝の財宝を展示するために、一八九二年、チャールス・リード・ビショップによって設立された。

覗いておられたのを記憶していますが、実際にはあらゆることに気を配っておられたようです。甲虫類、特にカミキリムシ科とハムシ科の分類が専門で有名な方です。ニューギニアのワウに、生態学研究所（Wau Ecology Institute）を設立し、ビショップ博物館のスタッフが交代で滞在して研究を続けていました。ここで採集された標本もホノルルに送られてきていました。研究のみでなく、コーヒー園を経営して現地の人々の生活の援助をしたり、宿舎を建てて現地人を雇い、研究所の資金源にするなど現地にも貢献していました。ビショップ博物館は、一八九二年カメハメハ王朝の財宝を展示するために、チャールス・リード・ビショップにより設立されたものです。現在は、ポリネシア文化を紹介する博物館として知られています。昆虫、動物、植物の研究室もあり、所蔵標本は昆虫類一三〇〇万、動物六五〇万、植物四五万点にもなります。ハワイ諸島の動植物のほか、ポリネシア、メラネシアや東南アジア各地の標本も多数所蔵されています。ハエのみでなく、ニューギニアのあらゆる昆虫類の標本を見ていると、いつかはニューギニアへ、と夢を描くようになりました。ニューギニアにあこがれたのは、私のみではないでしょう。グレセット博士は、一九九〇年に、中国の桂林で夫人とともに飛行機事故で亡くなられました。日本びいきの

ビショップ博物館内部　この博物館は、ポリネシア文化の紹介にも力を入れている。中央はポリネシアの民家。

本当に惜しい人をなくして残念です。

ホノルルに着いた翌日、博物館の昆虫部でこれから整理してほしいという標本箱を見せられました。中型の桐箱で数百箱はあったでしょうか。これらを、約三カ月で片付け、後は自由にさせてもらいました。こんなに速く整理できたのは出発前の一年間、当時、東京都北区西ヶ原にあった国立農業技術研究所の福原楢男さんから、双翅類の科の検索について教わっていたからです。双翅類というのは、カ、アブ、ハエの仲間のことです。科までの分類をするのがなかなかむずかしいのです。触角の形態、頭部や胸部の剛毛の生え方などで科まで分類します。そこからは、それぞれの専門家の研究にゆだねます。毎週一日でしたが西ヶ原に通いました。ホノルルでわからないときには、カナダ農務省から客員研究員として滞在していたヴォカロス博士（**Dr.Vokeroth**）に教わりました。彼の専門はハナアブ科ですが、どのような科についても詳しく教えてくれました。喋り出すと止まらなくなり、世界地図の前でいろいろな双翅目昆虫の分布などについて聞きました。話が終わるまでにいつも三〇分くらいかかったものです。二〇〇二年に、カナダを訪問した際に、お会いできて感激しました。

山中に逃避した固有の生物たち

私にはホノルルでしなければならないもうひとつの仕事がありました。前年に出版した『日本動物誌』「ニクバエ科」の次に「クロバエ科」の出版が予定されおり、その締め切りが迫っていたのです。ホノルル滞在中にどうしても原稿を加納先生に送らねばなりませんでした。ここに来て驚いたことのひとつは、日本の研究室では考えられないくらいの別刷が所蔵されていたことです。ファイリング・キャビネットに、AからZまでの著者別に整理されていました。帰国してから必要と思われる文献は、毎日のように事務所でコピーしました。一枚一〇セントでした。値段は今とほとんど同じですが、縮小も拡大もできず、コピーの枚数が多いと、ときどき機械が動かなくなり、事務のおばさんに文句を言われどおしでした。

いろいろ戸惑うこともありましたが、約三カ月で標本の整理も終わり、生活が落ち着いてきたのでハワイ諸島のハエ類の採集をすることにしました。ハワイ諸島の生成については多くの解説があるのでここでは省略します。日本の小笠原諸島と同じく火山島です。北ハワイ諸島をのぞくと、生成の古い順からカウアイ、モロカイ、オアフ、マウイ、ハワイ島となります。カウアイ島の溶岩は、もろくて手でも崩れます。ところが、ハワイ島

*別刷　学術雑誌などに掲載された論文のうち、個々の論文を別々に抜き取って印刷し、綴じたもの。抜刷ともいう。

ホノルルの裏からパールハーバーを望む　切り立った崖は噴火口の一部で、裾は海に没している。

ハイキングクラブの仲間たち　ハイキング好きの人ならば誰でも気楽に参加できる集いである。ハワイ滞在中は、毎週のように日曜日に集まってオアフ島の自然を巡った。

＊キタミドリイエバエ　ヨーロッパ、北アメリカに広く分布するイエバエ科のハエ。体が緑色でキンバエに似ている。幼虫は牛糞から発生する。北海道にも侵入している。

では現在も火山活動が活発です。

採集に行くにしても、オアフ島以外の島へ出かけるには航空機を利用するしかありません。毎週でも採集に行けるのはオアフ島でした。オアフ島には、当時、毎週日曜日にハイキングクラブの催しがありました。朝八時に市庁舎の庭のカメハメハ大王の像の前に集まり、クラブの世話役が毎週違ったコースに連れていってくれます。ハイキング好きの人ならば誰でも参加できます。ここでは、年齢、職業もまったく関係ありませんでした。車を持っていれば何人かを一人五〇セントで乗せて行きます。このクラブに参加したことで、オアフ島のほとんどのピークに登ることができ、固有種の昆虫や陸貝なども採集することができました。

オアフ島は、ワイアナエ山脈とコウラウ山脈という二つの山脈に二分されています。これらの山脈のあいだの平地には、パイナップル畑が広がっています。ワイアナエ山脈の最高峰カーラ山（一二三一メートル）にはレーダー基地があるのでなかなか登れませんが、ビショップ博物館の昆虫類の定期調査には毎回連れていってもらいました。ハイキングクラブでも、一度だけですが麓の牧場から山頂まで歩きました。その際に、麓の牧場で牛糞からキタミドリイエバエ *Neomyia caesarion* を採集しました。このハエ

カーラ山　ワイアナエ山脈の最高峰で、山頂にレーダー基地がある。ビショップ博物館の昆虫類の定期調査に同行して登った。

は、ヨーロッパや北アメリカに分布する種で、後に、日本でも北海道で採集しましたが、それにしても、寒い地域に分布するハエが、家畜とともに移入され、熱帯のハワイに定着しているのには驚きました。

オアフ島の平地で見られる昆虫類や植物のほとんどは、北アメリカ、南太平洋地域、東南アジアなどほかの地域から持ち込まれたり、移入されたりしたものです。ところが、山に一歩足を踏み入れると植生や昆虫相が一変します。固有の植物である赤い花をつけるオヒアやアカシアの仲間のコアなどが出てきます。昆虫でも、テントウムシのような小さなゴキブリ、ハワイ諸島で二種のみの固有種の蝶、アカタテハの仲間のカメハメハタテハ *Banessa tameamea*、オガサワラシジミよりも小型で、翅の裏面が緑のシジミチョウ *Udara blackburni* などめずらしい蝶も見られます。ところが、街の周辺ではワモンゴキブリ、コワモンゴキブリのほかチャオビゴキブリ、オガサワラゴキブリなどが普通に生息しています。蝶でもオオカバマダラのような移入種が目立ちます。平地に外来種が多いのは、ハワイ諸島に他国から多くの人々が移民として入ってきたからでしょう。日本人の人口は、現在では三〇%くらいでしょうが、第二次大戦の頃には五〇%といわれています。日本からは、メジロなどの小鳥も持ち込んだようです。このほか、

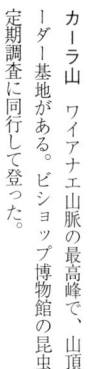

フィリピン人、中国人なども入植しています。植物も他国から持ち込まれています。これらに付着して、いろいろな昆虫類も入ってきているのです。

固有種が多いハワイのハエ相

ハワイ諸島には、多くの固有のハエが生息しています。そのうちでも、最も種分化しているのがショウジョウバエ科です。ハワイのショウジョウバエについては、ハワイ大学のケネス・Y・カネシロ博士が概要を紹介しているので参考にしてください。この時点で、ハワイから記録されているショウジョウバエの種数は五一一種、そのうち四八四種が固有種です。未記録種も多く、研究が進めば一〇〇〇種にはなると予想されています。ハワイのショウジョウバエの中でも特別なのがピクチャーウィングドpicture-wingedと呼ばれている翅に斑紋のある大型のショウジョウバエです。大きなものでは、体長が一五ミリにもなります。はじめてこの仲間を採集した時には、ショウジョウバエとは信じられませんでした。この仲間は、一〇〇種以上知られており、島ごとの固有種が多いようです。これらは、ひとつの祖先型から分化し、生成の古い島から順に新しい島へと移動していったと考えられています。

***固有種**　ある生物種が、特定の地域にかぎって分布するとき、その種をその地域の固有種という。分布する地域の広さは、ふつう、ひとつの大陸を越えない範囲で、広い場合も狭い場合もある。

***ショウジョウバエ**　双翅目ショウジョウバエ科に属するハエの総称。赤い眼をした小型のハエで、腐った果実や、屋内では漬け物桶などに集まることが多い。

ほかの地域では考えられないような種分化をしているのがイエバエ科の一属、ホソハナレメイエバエ属（*Caricea* = *Lispocephala*）です。記録されている約一三〇種のうちほとんどが固有種で、七〇種が一九八一年に新種として発表されています。この属は、日本列島のような南北に長い地域でも、北海道から南西諸島までのあいだで一[illegible]種しか記録されていないのです。クロバエ科にもハワイ固有のキンバエがいます。ディスクリトミア属 *Dyscritomyia* といい、三五種知られています。熱帯雨林に生息し、卵胎生で大きな幼虫を一匹だけ産みます。一般に、卵胎生のハエでは、ニクバエのように多数の幼虫を産むのですが、この属のハエは、アフリカのツェツェバエのように一匹産むだけです。幼虫は、ハワイ固有のカタツムリや昆虫類に寄生すると考えられていますが、発育史はよくわかっていません。国立感染症研究所の倉橋さんは、この幼虫にチーズを与えて飼育を試みましたがうまくいきませんでした。

北ハワイ諸島からは二種の固有種が知られています。クロバエ科のルシリア・グラフィータ *Lucilia graphita* とニクバエ科のゴニオフィト・ブライアニ *Goniophyto bryani* です。両種とも近縁種が日本の小笠原諸島にも分布しています。前種と近縁のオガサワラキンバエ *Lucilia snyderi* は、体が緑色

＊ホソハナレメイエバエ属　イエバエ科の一属。体長数ミリ以下の小型の種が多い。雄も雌も複眼のあいだが離れている。

＊卵胎生　受精した卵が、母虫の輸卵管内で孵化し、幼虫となって産出されること。

でなく暗紫色ですが、ハワイのキンバエは黒色です。テレビで見たのですが、北ハワイ列島のレイサン島にはものすごい数の本種が発生しているようです。オガサワラキンバエとハワイのキンバエは形態ではなかなか区別がつきません。後者の近縁種はオガサワラホソニクバエ ***Goniophyto boninensis*** です。先に述べたオガサワラシジミに似た蝶とともに、何千キロも離れた太平洋の島に近縁種が生息しているのは不思議です。プレート・テクトニクス説では、ハワイ諸島は太平洋プレート、小笠原諸島はフィリピン海プレート上にあり、生成の年代も異なるのに、同じような昆虫がどのような過程で定着したのでしょうか。その理由を知りたいものです。

小笠原諸島

―洋上に孤立した動物たち―

アフリカマイマイと広東住血線虫

ハワイ諸島のことを書いたので同じような火山島である小笠原諸島のハエ類についても触れておきます。火山島は、大陸とは異なり生成の年代も新しいので動物相は貧弱です。小笠原諸島は、一九六八年に日本に復帰しました。私が訪れたのは、一九七二、七三年と七六年の三回です。最初の二回は、ハエの調査ではなくアフリカマイマイに寄生する広東住血線虫《かんとんじゅうけつせんちゅう》の調査でした。広東住血線虫は、本来ネズミの寄生虫で成虫は肺動脈に寄生しています。幼虫はアフリカマイマイやナメクジなど、陸産の軟体動物に寄生しています。人がこのような貝類を生で食べると、幼虫が脳脊髄などに入り込み、髄膜脳炎という病気を起こします。アフリカマイマイは、も

＊動物相　ある特定のかぎられた地域にすむ動物のすべての種類のこと。植物と合わせて生物相を構成し、特定の動物群については「昆虫相」のようにいう。

アフリカマイマイ　もともとアフリカに生息していた陸生の大型巻き貝で、第二次世界大戦中に太平洋地域にまで分布を拡げてきた。日本では、奄美、沖縄、小笠原諸島に侵入し、農作物や果樹の害虫となっている（小笠原諸島父島にて）。

ともとアフリカに生息していた大型の陸貝です。それが、交通機関によりどんどんと分布を拡げ、第二次世界大戦中には太平洋地域にまで進出しました。小笠原諸島や沖縄には、米軍の車両などで運ばれたとされています。

小笠原へは、いまでこそ大型船が就航していますが、当時は、黒潮丸という六〇〇トンの船で渡航しました。台風の余波を受け四〇時間、水も食事も喉を通らない船旅もありました。それでも小笠原に固執したのは、一九六五年に出版された『Insects of Micronesia（Muscidae）（ミクロネシアの昆虫、イエバエ科）』に、スナイダー（Snyder）が小笠原諸島から多数のイエバエ科の新種を記載していたからです。

小笠原固有のハエはどこからやってきた？

小笠原諸島は、規模は小さいのですが東洋のガラパゴスなどと呼ばれ、動植物の固有種が多いので有名です。オガサワラオオコウモリ、鳥類ではメグロ、昆虫類では、オガサワラシジミ、オガサワラタマムシ、オガサワラトンボ、ハナダカトンボ、シマアカネなどのほかにカミキリ、クワガタなど幼虫が朽木に穿孔《せんこう》する甲虫類が多数知られています。これらの先祖は、流木などにより小笠原諸島に流れ着いたと考えられています。イエバエ科

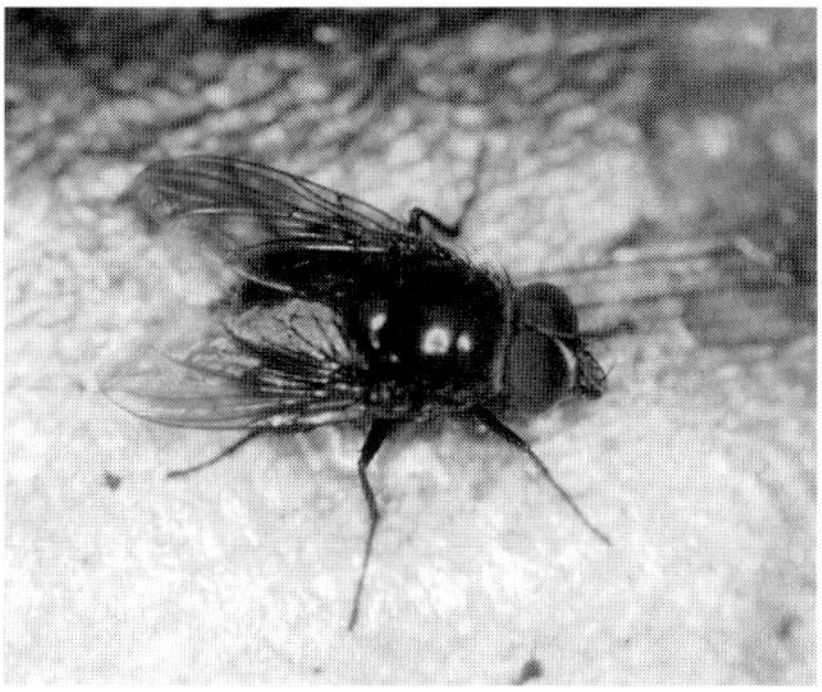

オガサワラキンバエ*Lucilia snyderi*

オガサワラホソニクバエ*Goniophyto boninensis*

でも同じことが予想されます。イエバエ科の固有種は、ミズギワイエバエ属（五種）、カトリバエ属（一種）、シリボソイエバエ属（一種）に属しています。前二属のハエは、水際に生息し幼虫は水生です。成虫は流木などに乗って移動するらしく、東南アジアなどでは分布域の広い種も多いのです。これらの祖先型は、東南アジアからやってきたものと思われます。ところが、五種のミズギワイエバエにしても、小笠原での生息場所が異なります。マイマイミズギワイエバエ*Limnophora umbra*は、森林の中の湿った土の上で見られ、アフリカマイマイの死骸などにたかっています。ボニンミズギワイエバエ*Limnophora boninensis*は、山地渓流でも水の少ない苔の生えた岸壁にいます。オガサワラシリボソイエバエ*Pygophora boninensis*は、植物に寄生すると思いますが、寄主植物はわかりません。三日月山の広葉樹の葉から多数採集されました。オガサワラキンバエ*Lucilia snyderi*とオガサワラホソニクバエ*Goniophyto boninensis*は、森の中に腐肉を置いておくと集まってきます。幼虫は、ネズミや魚介類の死体から発生しています。この二種は、本州、沖縄（八重山）、台湾などにも近似種が生息しているので、東洋区起源の種と考えられます。

私が小笠原に行ったのは、三〇年も前のことです。この頃には、小笠原

木の枝にぶら下がるオガサワラオオコウモリ
小笠原諸島の固有種である。体長は二〇～二五センチあり、全身を被う体毛は、灰黒色で、光沢のある銀白色の毛が混じるが、写真のような体全体が白い個体はめずらしい。

固有の昆虫類は普通に見られました。一九七三年に母島に渡ったときには、まだ沖港の岸壁工事中でした。自動車道はまったくなく、沖港の簡易宿舎（飯場）に泊まり、最高峰の乳房山や最北の村があった北村へも毎日通ったものです。途中の樹にはオガサワラオオコウモリがたくさんぶら下がっていました。中に、体全体の白い個体がいて写真を写したこともあります。

最近の情報では、小笠原諸島の動物相も一変しているようです。父島では、当時大村にしかいなかったアノールトカゲが、全島の山地にまで分布するようになり、オガサワラシジミなどほとんどの昆虫類が絶滅の危機に直面しているとのことです。アノールトカゲは、北アメリカ原産のトカゲで、一九六〇年代に父島に移入されたようです。私が最初に父島に渡ったときには、大村にしかいませんでしたが、以後、分布を拡げています。母島にも移入されて、島内の分布を拡大しているようです。母島のオガサワラオオコウモリも姿を見せなくなったとか。寂しいかぎりです。

インドネシア
—錯綜するハエ相—

ウォーレス線の両側を見たい

一九七三年度から一年おきに三年間、加納六郎教授を研究代表者とした文部省の科学研究費（補助金）を支給されることになりました。前年の申請書提出の時点で、計画書にはインドネシアとニューギニアを調査地域としました。動物地理学でよく知られているウォーレス線の両側を見たいというのが目的でした。一九世紀の半ば、イギリス人のウォーレスが、バリ島からロンボク島に渡り、わずか三〇キロしか離れていない両島の動物相（主として鳥類）が違うことに驚き、その後セレベスからニューギニアまでの多数の島々を調査して、現在われわれがウォーレス線（ウォーレス・ライン）と呼んでいる動物地理学上の東洋区とオーストラリア区の境界とする一本の線を引いたのです。その後、ウォーレス線よりも東洋区とオーストラリア区をより明確に示すと考えられた線、ウェーバー線が提唱されました。この二つの線のあいだの地域をウォーレシアといい、ボルネオが東洋区的、ニューギニアがオーストラリア区的であるのに対し、その移行帯といえる様相を示しています。そして、それぞれの島で独自に生物進化が行なわれているので、実際にはこれらの島々の動物相は、単なる移行帯のものではなくもっと複雑なのです。東洋区とオーストラリア区の動物相の違いについては、多くの本で紹介されています。特にオーストラリア区の哺乳動物は、外来種をのぞいてすべての種が有袋類です。ニューギニアの山中でネズミの死骸を拾ったところ、これも有袋類の一種だったのには驚きました。鳥類にも、ゴクラクチョウやワライカワセミなどオーストラリア区にしか分布していない種がいます。ハエ類も例外ではありません。大型で金色のヤドリバエ科のハエやウリンクロバエ（雨林クロバエ）なども東洋区では見られません。

一九七三年にハワイ大学出版会から出版された『東洋区の双翅目昆虫カタログ』では、ウェーバー線を東洋区とオーストラリア区の境界としています。実際に、インドからインドネシアにかけての海岸の汽水域に生息す

＊**動物地理学上の区**（動物区）　地球上の大陸や島などを、ほかと区別できる特徴のある動物相によって区分して、ひとつの動物地理区（動物区）としてあつかう。東洋区は、旧熱帯区の一区域で、旧北区に近く、オーストラリア区とは類縁関係が少ない。

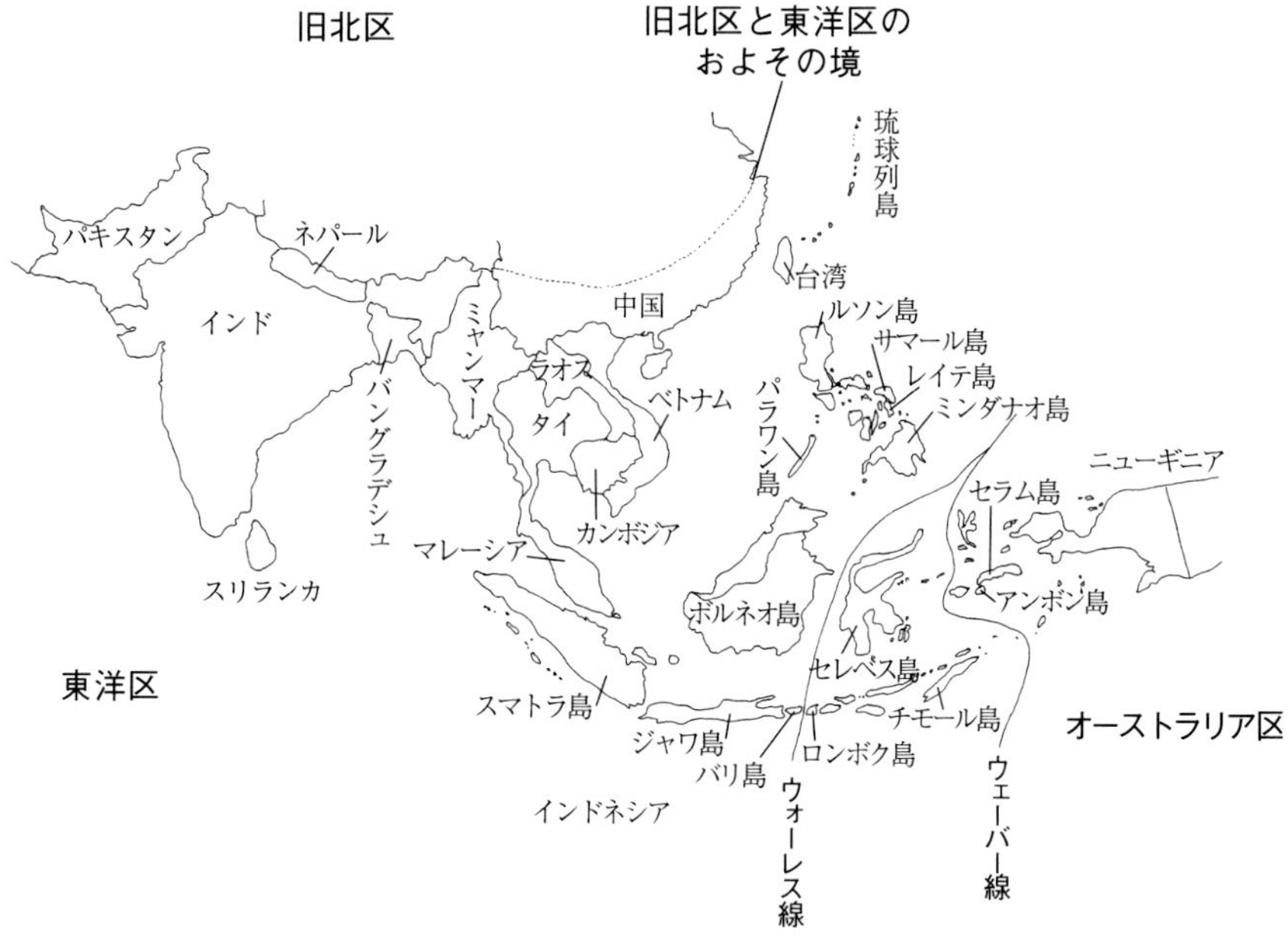

アジアの動物区　ウォーレス線とウェーバー線のあいだは、東洋区とオーストラリア区の移行帯のようでもあるが、実際の動物相はもっと複雑である。

る重要なマラリア媒介蚊であるアノフェレス・スンダイクス*Anopheles sundaicus*は、チモール島まで分布しています。また、ニューギニアでのマラリア媒介蚊であるアノフェレス・プンクツラタス*Anopheles punctulatus*やアノフェレス・ファラウティ***A.*** *farauti*は、ウェーバー線を越えた地域には分布していません。これらのカの分布は、ウェーバー線が両区の境界であるという考えにぴったりと一致しているようです。

調査メンバーは、加納教授を隊長として、倉橋弘（国立予防衛生研究所）、嵩洪（九州大学）と栗原毅（帝京大学）、そして篠永の五名でした。倉橋、嵩、篠永の三名は、専門分野も異なり、滞在した期間も違いますが、ビショップ博物館で研究した仲間です。栗原先生は、WHOの昆虫学専門家として長年インドネシアに滞在され、言葉はもちろんのこと、この国の事情にも通じていたので、あらゆる面で助けていただきました。

インドネシア調査の壁

さて、出発の準備は整ったのですが、インドネシア関係者からの受け入れの手紙がいつになっても来ません。仕方なく、加納教授の判断で一一月五日にジャカルタに出発しました。ここで、インドネシア保健省のコイマン博士（Dr. Koiman）と国内での調査許可と支援依頼の交渉が始まりました。これと平行して、WHOのオフィス、インドネシア大学などにも協力を要請しました。また、イエバエの殺虫剤抵抗性を調べるために、インドネシアのハエの生きた蛹《さなぎ》を送る手はずも整えました。当時、国内では殺虫剤抵抗性のイエバエが問題となっていました。このことを積極的に調査していたのが林晃史博士でした。彼は、われわれの研究室に在籍していたので、これまでに研究されていない外国のイエバエの殺虫剤抵抗性を調べることにしたのです。後で知ったのですが、国内（羽田）で蛹を受け取ってくれたのは、廿日出正美博士（現静岡大学教授）でした。生きた蛹を外国から輸入するというので、多くの書類に記入するなど、受け取るまでに半日以上かかったそうです。

ジャカルタでは、到着から日参して約二週間、ようやく各地へ手紙と電報を打ってもらい、一一月一九日から調査に出かけられることになりました。この間、オランダ植民地時代から有名なボゴール植物園を訪ねました。園内の博物館にはインドネシア産の動植物の標本が所蔵されています。その当時、昆虫類の標本の保管状態はあまりよくなく、インドネシアで採集した標本を預ける気にはなれない状態でした。現在は、新しい博物館が建

＊殺虫剤抵抗性　害虫駆除の目的で継続的に殺虫剤散布を行なっていると、遺伝的にその薬剤に強い個体が生き残り、その子孫にその殺虫剤の効力がなくなること。

設され、そちらに移管しているということですので、いずれはそこにおもなハエの標本を寄贈するつもりです。私たちが訪れた当時、園内で一〇年に一度しか咲かないという花が咲いたと新聞に出ていました。直径一メートルもある有名なラフレシアだろうと期待していたのですが、違っていました。ラフレシアは、花が咲くととても不快な臭いを出し、それにハエやそのほかの昆虫が集まります。それらの昆虫類によって受粉するのだそうです。

ボゴールから北西に三〇キロほど行ったところに、プンチャックという小さな村があります。ここは、オランダ植民地時代からの別荘地で、この付近で採集された昆虫の多くをオランダに持ち帰り新種として記載したものが多種あります。私も、アムステルダムの大学博物館を訪ねてタイプ標本を調べたことがあります。やはり、同じ種が模式産地で採集できると嬉しいものです。

このときの学術調査では、一二月二七日までのインドネシア滞在中に調査したのは、メダン（スマトラ島）、チレボン（ジャワ島）、バリ島、ロンボク島、フローレス島、チモール島、マカッサル（セレベス島）、メナド（セレベス島）、アンボン島、カイラト（セラム島）の地域です。

インドネシアでは、地方へ行ってもすぐにその土地で調査をするわけに

＊タイプ標本　ある種が、新種として記載された際に、記載者により選定された一個体の標本を完模式標本（holotype）といい、同時に記載された完模式標本以外の標本を副模式標本（paratype）という。タイプ標本とは、これらを総称した一般的な呼び名。

＊模式産地　動植物の種が新種として記載された際、完模式標本が採集された産地。

はいきません。まず、その地域の保健省の出先機関に挨拶してから、調査する予定地の警察に出頭し身分を明らかにして村役場に行き許可をもらいます。この手続きでほとんど午前中はつぶれます。どこでもなにをしに来たかと問われます。ハエの調査というとすぐにゴミ処理場に案内されます。そこでの仕事は一〇分で済みます。イエバエを採集して飼育容器（ビニールカップ）に入れ、ネズミ用の粉末飼料を水で練って餌とします。雌はすぐ餌に産卵します。その後は、数日で前蛹《ぜんよう》となるので、蛹化《ようか》寸前にワタを敷き詰めたプラスチック容器（五×一〇センチ）に移して航空貨物で日本に送ります。われわれの採集の目的は、ゴミ処理場のイエバエではありません。自然環境下のハエです。このことを理解してもらうのがまた厄介な仕事でした。いくら説明しても人の生活と関係のないハエなど現地の人にとってはどうでもいいことなのです。なんとか頼み込んで自然林らしきところへ案内してもらってもハエの採集は困難です。特に原生林の薄暗いところでは、昆虫などほとんど見かけません。

ロンボク島のマーケット　ハエの調査というと、すぐにゴミ処理場やマーケットに連れていかれるのだが、そこでのハエの採集はあっという間に済んでしまう。

「バウー」を持って

われわれは、ハエを集めるために腐肉を使います。バザールで牛肉のブロックを買い込み腐らせておくのです。ハエが集まってくるようになるには、三~四日かかります。腐肉を森林の中の樹木が倒れたり、伐採されて明るくなった場所に置いておくと数分も経たないうちにキンバエ、クロバエ、ニクバエのほかイエバエの類までそこらあたりが真っ黒になるくらい集まってきます。これに上からネットをかぶせると、ハエがネットの上部に集まりますので、それを毒瓶に入れて殺します。これらをひととおり採集した後に、周囲の草木に止まっている腐肉に集まらないハエを探します。これらは、ハエの羽音に引き寄せられたもので、本来は腐肉からは発生しません。あまりにも騒がしいので何事かとやってきた野次馬なのです。この野次馬の中にめったに採集されないめずらしい種が混じっていることがあるのです。腐肉に集まってくるのは、幼虫の餌となる食物に産卵または産仔《さんし》するためなのです。

さて、この腐肉の始末ですが、明日くるからと放置しておくと野生動物に持っていかれます。せっかく三、四日かけて腐らせたものですから、毎日でも使用したいのです。結局ホテルに持って帰ることになります。ビニール袋に何重にも包んでホテルの部屋の隅かトイレに隠しておくのですが、現地のボーイや従業員の嗅覚は鋭く、すぐに怪しまれてしまいます。インドネシアでは、ボーイが「トアン、バウー」といいながら指を二本鼻の穴に突っ込んで部屋にやってくることがよくありました。どうもこの国では鼻はつままないようです。トアンは「ミスター」、バウーは「臭い」という意味です。それ以後、仲間うちでは腐肉のことをバウーと呼んでいます。車で移動するときは、腐肉を屋根に縛りつけておけばいいのですが、航空機での移動の際には苦労しました。腐肉を捨てて、次の場所で買えばいいのですが、加納先生はどうしても持っていくといって譲りません。ご自分は知らぬ顔ですからよいのですが、持っていく方はそうはいきません。いつ見つかるかとひやひやでした。地方の空港で炎天下に荷物を置かれたときには、中でビニール袋が破れてガス爆発するのではないかと肝を冷やしたものです。

クロバエ科やニクバエ科のハエの採集は腐肉トラップを主にしますが、私の専門のイエバエ科や嶌先生の専門のヤドリバエ科のハエは、ほとんど腐肉に集まってこないので、歩きながらのネット採集が主です。となると、距離を稼いだ方が収穫はあがります。このような理由で、ニクバエの加納とクロバエの倉橋に対して、イエバエの篠永とヤドリバエの嶌がいっしょに行動することが多くなりました。

標本は宝物

双翅目昆虫の分類学的研究では、どうしてもやっておかなければならないことがあります。それは、よい標本を作製しておくことです。そのためには、採集したらその日のうちに昆虫針に刺しておくことです。どんなにたくさんの収穫があっても、毎晩遅くまでかかって標本を作ります。標本作りで大切なのは、分類に必要な剛毛などを傷つけないことです。昆虫針を刺すときには、胸部の正中線を避けてふつうは右側に刺します。そして、脚と口吻《こうふん》を伸ばしておきます。脚の剛毛の生え方は、分類上の特徴として重要だからです。昆虫針の太さには、00号、0号1号、2号、3号、4号、5号の七種類があり、00号が最も細い針です。ハエの場合には1号くらいまでを使います。ニクバエの場合は、もうひとつ、雄の外部生殖器を引き出しておく作業が加わります。引き出しておかないと分類できないからです。これもなかなか面倒な作業です。また、体長が二〜三ミリほどの小型の種は、微針という特別に細い針で刺して標本にします。このような作業をするには明るい照明が必要です。ところが、諸外国のホテルではまったく期待できません。そこで現地に着くと真っ先に購入するのが電気スタンド（一〇〇ワット）です。標本は、標本箱にぎっしりと隙間なく詰め込んで持ち帰ります。その際にも、持ち出しの許可が必要です。国によっては、そのルールが決まっていない国もあり、どこで許可をもらうのかわからない場合もあります。

トビトカゲ　マカッサルで見かけた。胴の横についている翼を拡げて滑空することができる。翼は普段たたまれていて目立たないが、拡げると美しい模様が現れる。

セレベスからアンボン島へ

セレベス島では、玄関口のマカッサル（現在のウジュンパンダン）に行き、今後の計画を立てることにしました。それでも、街にいるのはもったいないので、蝶のコレクターのあいだで有名なバンチムルングに行くことにしました。ここは、マカッサルから三〇キロくらいのところにある石灰岩の台地です。このときは、雨期のためかハエもほとんど見かけませんでした。しかし、早起きして庭に出てみると、薄暗い内から黄色のクロバエ、フモシア・プロミテンス *Phumosia promittens* が捨てられた果実に集まっていました。トビトカゲが、庭の木に翼をたたんでじっとしていました。これは難なく素手で捕まえられました。保健省の出先機関との相談の結果、加納、篠永がアンボン島とマカッサルの近くの標高一〇〇〇メートルのマリノに、栗原、倉橋、嶌の三名は、最北端のメナド周辺で調査することになりました。できるかぎり多くの地域の調査をするためです。

ハエトリカゴの番人（セラム島のカイラトにて）

＊二次林　一度切り払われた森林が、人手を加えられることなく再生してできた自然林。

アンボン島へは、マカッサルから小型機で約一時間三〇分で到着しました。ここは、第二次世界大戦中の軍港としてよく知られています。周囲一〇〇キロあまりの小さな島です。海岸にはサゴヤシが密生していて、標高もそれほど高くありません。保健省からの連絡もないので、蝶の採集地をよく知っているというボーイに案内してもらって採集に出かけました。海岸から三キロくらい渓流沿いに奥に入ると少しばかりの二次林があり、イエバエ、クロバエ、ニクバエなど多数のハエを採集したのですが、イエバエ科のほとんどが東洋熱帯の共通種または東洋区系の種ばかりでした。ところが、クロバエ科では、ウリンクロバエ属などニューギニアに生息するハエが見られました。このほか驚いたのは蝶の種類がこれまでとまったく違っていたことです。ジャノメチョウ、シジミチョウなどは、ジャワ島やセレベス島のものと異なり、ニューギニアにいるのと同じようでした。ハエではなく蝶を見て、やはりここはニューギニアに近いのだと実感したのです。この島は、香料などにする沈花《チンケ》の栽培が盛んで、どこへ行っても原生林らしきものはありませんでした。

アンボン島滞在中に、二日間だけですがセラム島に行ってきました。アンボンの街から車で三〇分のテレフという港から小型の漁船で出発、約二

*ノサシバエ　イエバエ科、サシバエ族の一種。吸血性で、牛や水牛の体からほとんど離れることなく止まっている。牛が排糞すると雌はただちに糞に産卵して、再び牛の体に戻る。角の付近によくたかるので、horn flyという。

旧日本軍のトラック　ラジエーターが壊れていて、二キロごとに水を補給しなければならない。それでも動くだけましである。

時間でセラム島のカイラトに着きました。すぐに、村役場と警察に出頭して許可をもらい採集に出かけました。アンボンと違って原生林らしき森も残っていて、ここでは、アンボンでも見られなかった新種を含む多数の種を採集しました。特に、オーストラリアとの共通種が二種採集できたのは収穫でした。腐肉トラップをかけるとあっという間にそのあたりが真っ黒になるくらいのキンバエ類（ほとんどがオビキンバエ）が集まってきました。農耕用の牛の背中には、ものすごい数のノサシバエがたかっていました。このハエは、東洋区に分布する種ですが、牛の移動とともに各地へ分布を拡げています。後に、ニューギニアやソロモン群島でも見ましたが、おそらくインドネシアから移入されたものでしょう。カイラトには、第二次世界大戦中に旧日本軍が使用していたトラックが一台ありました。これに乗って一二キロ奥まで連れていってくれるというので便乗しましたが、ラジエーターが壊れていて二キロごとに水を補給しなくてはなりません。小さな渓流ごとに止まってくれるので、水際のハエの採集には好都合でした。帰りは歩いて採集しました。ここでは、これまでに見たことのないイエバエ科のハエも多数採集できました。トリバネアゲハやオオルリアゲハなど綺麗な蝶も見かけます。カイラトにはホテルがないので、夜は診療所の診察台に毛布を敷いて泊めてもらいました。外に出るとマンゴーの樹がクリスマス・ツリーのように光っていました。近づいてみると翅の黄色い蛍でした。星空もすばらしかったのですが、この蛍の光も印象的でした。アンボンへの帰途、海の真ん中でスコールに遭い、その上にエンジン・トラブルで船が漂流し始めたのですが、約一時間後にやっと修理でき無事に帰ることができました。

幅三〇キロの海峡

われわれとは別に栗原、倉橋、嶌の三名は、セレベス島の北端のメナドで調査しました。ここでの収穫は多数の新種を含むイエバエ科のハエです。倉橋さんによると、ヤシ酒を造るための樹液にたくさんのハエがたかっていたそうです。ヤシが花をつけると、花序の根元を切ってそこに竹筒をあてがい樹液を採取します。これを発酵させるとヤシ酒になりますが、これを蒸留してより濃度の高い酒にします。

ここで採集されたハエの中に、腹部が黄色のヒメクロイエバエが混じっていました。これは、後にカノウヒメクロイエバエ *Hydrotaea kanoi* として、私と倉橋さんの連名で新種として発表しました。この属のハエで腹部が黄色なのは、本種とマダガスカルの一種のみです。このほか、未発表の新種がまだまだあります。

バリ島とロンボク島のあいだは、わずか三〇キロです。ところが、ここに動物地理学上の大きな境界線が引かれることになったのは、一九世紀の半ば、ウォーレスの調査によります。バリとロンボク島のあいだは、水深七〇メートルの海で隔てられています。ハエ類の飛翔距離はよくわかっていません。イエバエの移動距離は五〇〇メートルといわれていますが、風向によって距離は伸びます。しかし三〇キロも連続して飛ぶことのできるハエはいないでしょう。

私は、バリ島では一日しか採集できませんでしたが、後に残って調査した倉橋さんによると、島の西側は季節風の影響で湿っていて昆虫相も豊富ですが、東側は乾燥していて昆虫も少ないとのことでした。われわれは、バリ島の最大都市デンパサールでは、街の中心部にある古いホテルに泊りました。夜には、バリ名物のダンス見物に出かけました。部落の庭でのケチャックダンスは、民族色豊かで感動しました。しかし、見物中にもかなり蚊に刺されました。マラリアの心配もしたのですが、幸いにも発症しませんでした。ツーリストのマラリア感染の原因がこんなところにあるのがよくわかります。

バリ島からロンボク島へは、二〇分のフライトです。島の大きさは、バリ島とそれほど変わりません。したがって、気候もよく似ています。この島には、標高三〇〇〇メートルを越す高山があり、山の東側は特に乾燥しているようでした。水田は西側に集中しています。数日間島内を採集して歩きました。山の中腹の森林内で、二メートル以上もあるコブラ科のヘビに出くわしたのには驚きました。種はわかりませんでしたが、目の前をゆうゆうと通りすぎていく姿に唖然とさせられたものです。いつもならばカメラを構えるのですが、それも忘れてしまいました。熱帯地を歩いていても、昼間に毒蛇に出くわすことはほとんどありません。このときの調査では、バリ島と昆虫相が特に違っていた感じはありませんでした。帰国後に調べた結果でも、イエバエ科では両島に共通の種がほとんどでした。一九九七年にイエバエ科研究の第一人者であるオックスフォード大学のポント博士（Dr. Pont）が、バリ島から新種として雌のみで発表したセマダライエバエ属のハエが、後に九州大学の館卓司さんによって雌雄ともロンボク島で採集されたこともあります。

チモール島は、小スンダ列島の最東端です。東半分は、現在は東チモー

＊**マダラセンチバエ属**　イエバエ科の一属。種数は少ないが、ずんぐりとした体と、背面のマダラ模様に特徴がある。

チモールセンチニクバエ *Sarcophaga timorensis*

ル国として独立していますが、当時はポルトガル領でした。倉橋、嶌、篠永の三名で調査するつもりでバリ島のデンパサール空港に行ったところ、突然三人のうち一人しか乗れないといわれ、かなり粘ったのですが、結局私一人で行くことになってしまいました。後でわかったことですが、チモール島の役人が日本に旅行して土産の荷物が重量超過してしまい、われわれのうちの二人がはずされたようでした。手荷物を持って各人が計量して、係りが鉛筆を舐め舐め足し算をしてやっと乗り込むことができました。

小スンダ列島―地理的に隔離された島々―

チモール島は、雨期に入って一カ月経過したところでした。最大の街クパン周辺は、ヤシと小灌木が生えているのみでしたが、町はずれの水源地の周囲は森に囲まれていました。早速、腐肉採集を試みたところ見たことのない金色のニクバエがやってきたのです。日本のセンチニクバエの仲間でした。このハエは、後に加納先生と共著で新種チモールセンチニクバエ *Sarcophaga timorensis* として発表しました。時を同じくして、加納、栗原両先生は、隣のフローレス島に行っていました。ここでもセンチニクバエの新種が採集され、フローレスセンチニクバエ *Sarcophaga koimani* として発表したのです。これら二種は、肉を餌として飼育し、日本に持ち帰りました。この系統は、現在も継続して飼育されており、東南アジアから日本にかけてのセンチニクバエ亜属の休眠の研究に役立っています。感染症研究所の森林さんの研究では、日本のセンチニクバエが休眠するのに、チモールとフローレスのセンチニクバエは休眠しないそうです。

チモール島滞在の最後の日に、やっと五〇キロほど離れた原生林に案内してもらいました。そこで大型でしかもとても美しいニクバエが採集できました。このハエは、スウェーデンのペイプ博士（Dr. Pape）と倉橋博士により新種*Sarcophaga serracnda*として記載されました。インドネシアの小スンダ列島は、ハエ類のみでなくほかの昆虫でも地理的に隔離されて分化した種が多いようです。つまり、長年にわたって交流のない島嶼《とうしょ》にすみついた生物は、それぞれの島で固有の種に分化したのです。ひとつひとつの島を丹念に調査するとすばらしい研究成果があがると思います。インドネシアに、専門の研究者が育つのを待つのみです。チモール島で採集したキチョウは新種でした。後に、九州大学の矢田脩先生がチモールキチョウ*Eurema timorensis*として報告しています。

チモール島には、小型の原種の馬が飼育されています。その馬になんと

＊センチニクバエ　イエバエ科の一亜属。*Boettcherisc*亜属のハエの総称。雄の外部生殖器の形態に特徴があるほか、雄の後腿節に剛毛を欠くのも特徴。

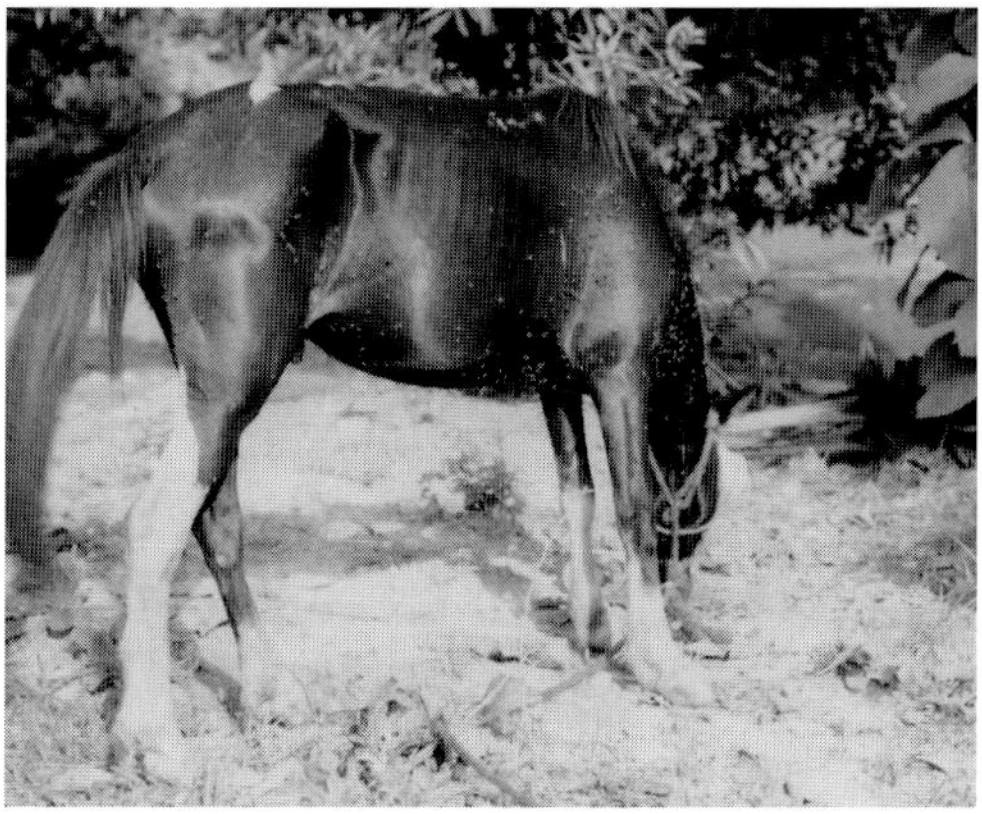

ウマシラミバエ *Hypobosca lquina*（右）　左の写真では、馬の首筋から腹にかけて、びっしりとウマシラミバエがたかっている。

びっしりとウマシラミバエ ***Hypobosca lquina*** が寄生していました。そっと近寄って手ですくい捕れるくらいです。昨年（二〇〇三）の七月に、東チモールに派遣されている自衛隊員から、防衛庁の中央病院にメールが入り、隊員が気持ち悪がっている虫がいるが何だろうという問い合わせがありました。私のところにその画像が送られてきました。とても鮮明な画像で、ウマシラミバエでした。すぐに返事をしたのですが、知らないと気持ち悪いでしょう。人にも時にたかります。

ニューギニア

―複雑な昆虫相の島々―

パプアウリンクロバエ *Euphumosia setigera*

夢に見たニューギニア

インドネシアの調査を終えて、加納先生と二人でジャカルタからシンガポール経由でオーストラリアのダーウィンに到着しました。ここから、一二人乗りの飛行機でニューギニアに渡るためにケアンズに向かいました。途中、マウント・アイサという鉱山の街で二泊してケアンズに到着したのは一九七三年一二月三〇日でした。当時のケアンズは、まるで映画で見る西部劇の街のようで、街角には昼間から酔っぱらいがごろごろしていました。街の最高級のインターナショナルホテルでも、夜になるとワモンゴキブリがうろちょろしていたのです。現在の繁栄が信じられません。

翌日はレンタカーで、郊外に採集に出かけました。森林の中にしかけた

ヤドリバエ *Formosia heinrothi*

魚の腐肉トラップには、これまでに見たことのないクロバエ類が多数集まってきました。後の倉橋さんの研究で、ニューギニアとの共通種であることがわかりました。トリバネアゲハ、オオルリアゲハなどもたくさん飛んでいました。オーストラリアの北部はまさに熱帯です。コブラ科のヘビの種類も多くてかなり危険だそうです。

翌一月一日、やっと夢にまで見たニューギニアのポートモレスビーの土を踏むことができました。四日までは、航空券の手配、滞在延期の手続きなどに時間がかかり、やっと五日にワウに飛び立ちました。飛行機は八人乗りで、パイロットのすぐ後ろの席を確保して窓からの景色を楽しみました。脊梁山脈を越えて谷間沿いに下ると、ワウの飛行場が見えてきました。とても広い草原で上り坂になっています。飛行機はバウンドしながら軽快に着陸、飛行場にはワウ生態学研究所所長のグレセット博士が出迎えてくれました。ワウは、パプア・ニューギニアの東部、脊梁山脈の南側に位置する盆地です。研究所では、ここでコーヒーなどの栽培をして現地の人々の現金収入の手助けをしていました。後に、日本の青年海外協力隊員もここに滞在して野菜栽培の指導をしたことがあります。当時、研究所の建物はできていましたが、まだ未完成、ゲストハウスも建築中でした。しかし内装はほとんど完成していて居室は快適でした。

研究所の周囲にはコーヒー園や畑が拡がり、わずかに二次林が残っているのみです。それでも、渓流沿いにはミズギワイエバエなどがいるし、森の中にはニューギニアの固有種のウリンクロバエ（熱帯雨林のクロバエの意味）などもたくさんいました。このほか、コーヒー園の周囲を歩いていると、ときどきコーヒーの葉が大きく揺れることがありました。何かと思ったら体長約二センチもある大型のヤドリバエ、フォルモシア・ヘインロティ *Formosia heinrothi* でした。緑色の体に赤紫のストライプの入った種で、とても美しいハエです。姿は見えなくても、揺れているところをネットですくえば簡単に採集できます。この仲間は、ニューギニアに多く、ほとんどが固有種で、目を見張るばかりの美しい種が多いのです。

研究所から車で約三〇分のところにカインディ山（**Mt. Kaindi**　二三六二メートル）があります。三〇分といっても道には大きな石がごろごろしています。四輪駆動の車でなくては上れません。山頂にはテレビの中継所があり、研究所の山小屋もあって宿泊できます。山頂付近には、卵胎生のクロバエが何種かいました。腐肉を置いておくと卵でなく幼虫を産むのです。一般に卵を産む昆虫では、孵化《ふか》した幼虫のうち九九％が成虫にならず

＊ヤドリバエ　双翅目の一科、ヤドリバエ科のハエの総称。名のとおり、寄生性で、蛾の幼虫やカメムシ、バッタなどあらゆる昆虫類に寄生し、種数も多い。

ワウ生態学研究所　研究所の周囲にはコーヒー園や畑が拡がり、二次林ではウリンクロバエなどが捕まえられた。

に天敵などに捕食されてしまいます。アフリカのツェツェバエは、一匹の幼虫しか産まないのですが、産まれた幼虫は一〇分後には地中で蛹化《ようか》します。つまり一〇〇％成虫になるのです。したがって、幼虫を産むことは高率に子孫を残すことができるのです。このような性質を持ったクロバエは、ハワイにも生息していますが、ボルネオなど東南アジアの高山にもいます。ワウからカインディ山への道路わきには、クリークと呼んでいる小さな渓流がたくさんあります。よい地点を選んで待ち伏せしていると、上流から次々とシロチョウの仲間であるカザリシロチョウ（*Delias*）が降りてきます。この蝶は、翅の表側は白と黒で地味なのですが、裏はとても変化に富んでいます。しかも種数が多く一カ所で採集しても一〇種以上にもなりました。

ワウに一〇日ほど滞在した後、海岸に近いラエに下りました。ここは首都のポートモレスビーに次ぐ大きな都市です。早速、植物園に行って採集することにしました。森の中で見たのは、体長二〇センチくらいの大きなヤスデ、ポリコノセラス・アロキスタス ***Polyconoceras alokistus*** でした。ヤスデには毒はないと思って素手でつかんだところ、いきなり体液を噴射されたのです。手は褐色に染まり、皮膚の柔らかなところはピリピリします。すぐに渓流で洗ったのでなんともなかったのですが、子供やニワトリが眼炎になったという報告があります。個体数も多く、そのあたりに何百といるのには驚きました。宿舎に持ち帰り、試しに夜間採集に使うために持っていたシーツを敷いてヤスデを中央に置き、採集網の竿《さお》で遠くから刺激すると、なんと体液が一メートル四方にも飛散しました。

腐肉に集まるオビキンバエ　森林の中の適当な場所に置いておくと、あっという間に集まってくる。これらのハエは、腐肉に卵や幼虫を産みに来るのである（ニューギニアにて）。

ラエからニューブリテン島、ニューアイルランド島へ

ラエを中継して、次に訪れたのはニューアイルランド島のケビエンです。この島は、東西に細長く、長さ三〇〇キロくらい、幅は数キロでしょう。道路沿いはヤシとカカオの林ですが、その奥は原生林に被われていました。ところが、植物が生い茂っていて林の中にはどうしても入れませんでした。やっと入れそうな干上がった渓流を見つけて分け入ったのですが、収穫はそれほどでもありませんでした。東端のナマタナイで二泊して採集したのですが、どこへ行っても同じ景色にはうんざりしました。というのは、島全体が原生林で人が住んでいるのは海岸のみだからなのです。プランテーションと原生林の組み合わせといっていいでしょうか。

次の目的地は有名なラバウルのあるニューブリテン島です。ここでもレンタカーでラバウル周辺を走ったのですが、どこも開発されていて原生林

卵胎生のクロバエ *Calliphora toxopeusi*　腐肉に幼虫を産みつけている。幼虫は腐肉を餌にして成長する。

フトヤスデ *Polyconoceras alokistus*　体長二〇センチもある。あたりに何百匹もいた。

カザリシロチョウ *Delias sagessa*　翅の表は黒と白で地味だが、裏側は変化に富んだ色と模様がある。

などまったく見られませんでした。この島は、あちこちで伐採中らしく、後に得た情報では、日本の商社や林業関係の伐採地に行けば宿泊は可能で、奥には原生林も残っているとのことでした。今は開発されて面影もなくなっているのでしょうか。その当時、原生林を伐採した後、日本の林業会社は植林してそれを利用しているとか、一部の必要な材木のみを切っているなどの記事を読んだことがあります。一九八〇年頃でもまだ苗を育てている状態でしたので、植林してもそんなに育っているはずはありません。確かに、樹を選定して伐採したような形跡もありましたが、熱帯雨林はお互いの樹木が助け合った形でなんとか支え合っているので、間伐すると共倒れになります。このような環境になるとその地域の生態系が崩れてしまいます。当然、昆虫やそのほかの動物相にも影響があるでしょう。

ハエと人との出会い

人とハエ類の生息環境との関係については、ポヴォルニー（Povolny, 1971）が、一枚の図で実にうまくまとめています。彼は、中部ヨーロッパでのハエ類の生息環境を三型に分けています。ひとつは、人の生活環境で、そこには一生のほとんどをここで過ごすイエバエのようなハエが生活して

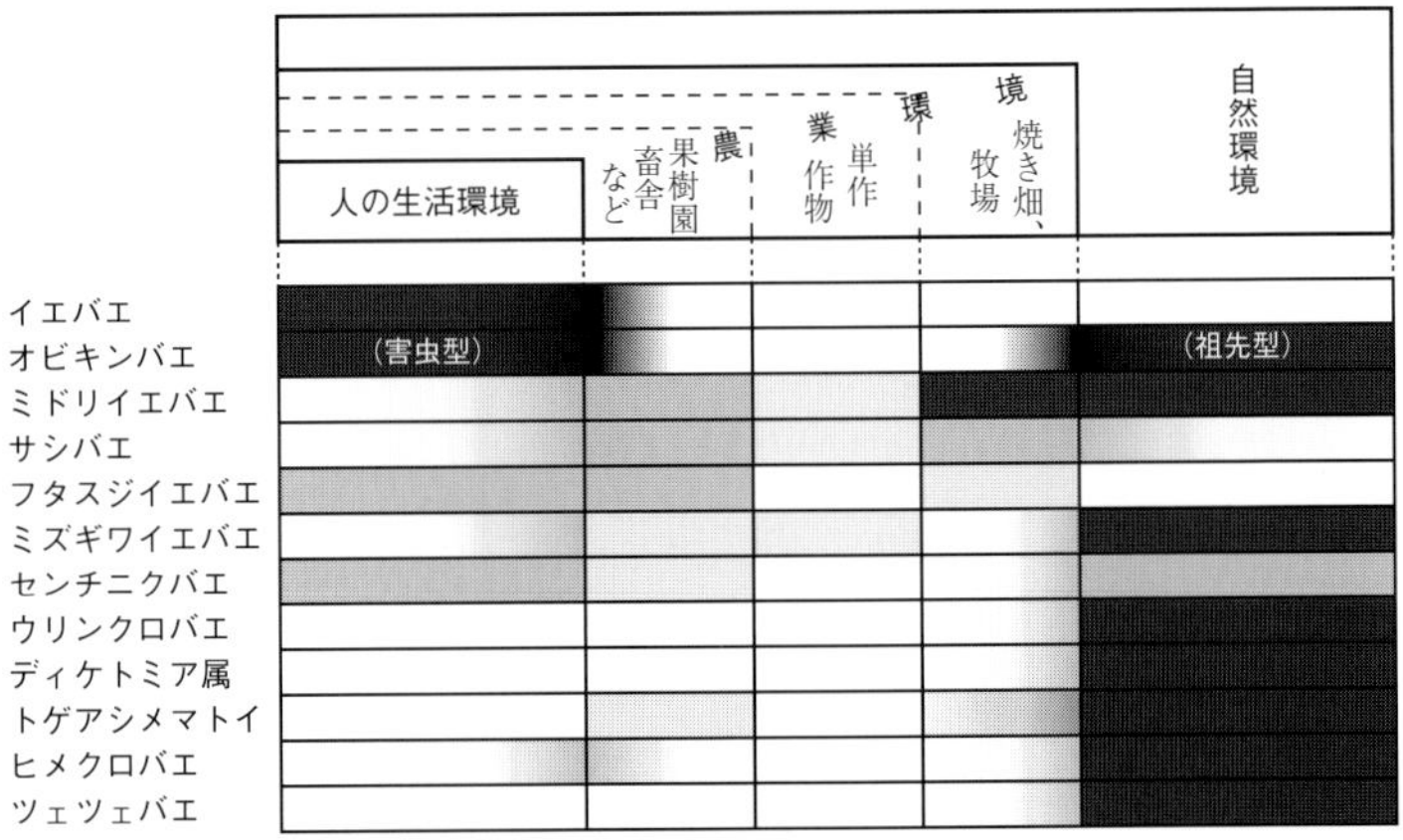

人の生活環境とハエ類の生息環境との関連
濃度が濃いほど、その環境へのハエの依存度が大きいことを示している（Povolny, 1971より改変）。

います。次は、農業環境です。農業環境をさらに、焼き畑や牧場のような原始的な環境、単作農業のような二次的な農業環境、果樹園のように進んだ農業環境に分けています。ここには多くの種類のハエが生息しています。牧場には、家畜の糞から発生するイエバエ類、サシバエ類のハエがいます。穀物や野菜などを単作すると、それらに寄生する害虫も増えてきます。そして、もうひとつは自然環境です。ここにも多くの種類のハエが生息していますが、人との接触頻度は少なく、森林内を歩いていてもハエはほとんど目につきません。しかし、森林性のキンバエ、クロバエ類のように、腐肉を置くとわんさと集まってくるハエもいます。自然環境下では、腐敗した植物の実、キノコ、落葉、野生動物の糞や死体など、わずかな発生源で幼虫が育っているのです。

倉橋さんは、東南アジアや南太平洋地域でマーケットや人の生活圏内のどこにでも生息しているオビキンバエの起源がニューギニアではないかと推定しています。その理由は、オビキンバエには二つの型があり、われわれが、市場などで見る典型的なオビキンバエでは、複眼の上部三分の二の個眼が下部よりも顕著に大きく、境界が明瞭で、これは害虫型です。もうひとつの型は、森林に生息する祖先型で、個眼は上部のものが下部のもの

ウィルヘルム山の麓にある教会　建物の裏は畑になっていて、自給自足の生活を送っている。

よりも少し大きい傾向はありますが、ほぼ同じサイズです。ところが、一九七八年に加納先生がビショップ博物館のグレセット博士と二人でニューギニア高地の森林地帯で調査した際、形態は害虫型であるが、森林内にのみ生息するオビキンバエを採集されました。これは、前二型と異なるので、野生型とすることにしました。つまり、森林に生息していた祖先型のオビキンバエが、狩猟生活をする人の集落や焼き畑など原始的な農業環境に適応して野生型になり、後に都市のような人の多い環境に生息するようになって害虫型が派生したと考えたのです（倉橋、二〇〇二）。

ニューギニアのハエはわからないことばかり

こうして、約三カ月の調査旅行を終えて帰国したのが一月三〇日でした。このニューギニアには、この後三回、合計で五カ月くらい滞在しました。このうちの二回は、一九八二年と八三年、当時東京大学薬学部の中嶋暉躬先生の研究班による「有毒節足動物の研究」の手伝いでした。メンバーは、中嶋先生を隊長として、群馬大学医学部の小宮義璋先生、東京都神経科学研究所の黒田洋一郎博士、東京農業大学の安原義先生の五名でした。中嶋先生は、節足動物毒の研究では、世界的に知られている方です。小宮、黒田

ウィルヘルム山　ニューギニアの最高峰。赤道直下にあっても山頂付近は冷える。新種のハエが採集できた。

ポーターとして集まってきた子供たち　三八〇〇メートルのところにある山小屋まで、われわれの荷物を運んでくれた。

両先生は、神経科学の研究者で、この二人も国際学会で活躍されています。安原先生は、分析のスペシャリストです。小宮先生には、もうひとつの専門分野（？）があります。それは、甲虫類のハムシ科の研究です。『日本昆虫学会誌』にも多くの論文を発表しています。黒田先生の蝶のコレクションも相当なものと聞いています。ハチ、サソリ、クモなどの採集と同定が私の役割でした。二回とも、ワウとラエのあいだで採集しました。スズメバチやアシナガバチに刺されたり、ヤスデをつかんで毒液で手を真っ赤に染めたり、いろいろなことがありましたが、ハエの調査よりもおもしろいこともありました。ハチは、毒嚢《どくのう》を引き出して乾燥して持ち帰りました。虫体は標本にして後で同定します。クモも牙から毒腺《どくせん》を取り出し同じく乾燥して持ち帰ります。乾燥して持ち帰るのは、ただちに乾燥しておくと毒物質が変性しないからです。この研究の成果は、専門誌に次々と発表されています。

一九八七年の九州大学農学部の平嶋義宏先生の研究班にも参加させてもらいました。季節は夏休み中の七〜八月です。テーマは、「ニューギニア高地の農業生態系内の昆虫類の種多様性の研究」というむずかしそうなものでした。要するに、私には特別なテーマはなく、双翅類昆虫、特にハエ類の調査をしてもらえればよいということでした。この研究班には、ホノルルのビショップ博物館から甲虫類の分類が専門のサムエルソン博士（Dr. Samuelson）と、当時ポートモレスビーのプライマリー・インダストリー（Primary Industry）に勤務していたキモグリバエ科（植物の茎などに寄生するハエ）が専門のイスメイ博士（Dr. Ismay）の二人もメンバーに入っていました。このほか、九州大学農学部の多田内修助教授と久留米大学の木元新作教授も参加しました。このときの調査では、ワウからラエ、ゴロカ、マウント・ハーゲンなどにも足を伸ばし、パプア・ニューギニアの最高峰ウィルヘルム山（Mt. Wilhelm　五〇〇〇メートル）でも調査できたので、これまでにない成果が得られました。特にミズギワイエバエ属*Limnophora*のハエは、成虫が渓流、河川、沼沢、湖、海岸など水際に生息し、羽化してきた双翅目昆虫、特にユスリカなどを捕食します。これまでに、われわれの採集した標本、ビショップ博物館所蔵の標本、イスメイ博士が、長期滞在中に採集した標本などを調べているうちに、約九〇種の新種が見つかりました。七〇新種の論文はとっくに書いてあったのですが、その後、次々と別の種が追加されるのでなかなか発表にまで到らないままです。やっとめどがつきましたので、今年（二〇〇四）中には論文ができそうです。この属のハエは、水

牛糞より発生する *Myiophaea spissa* イエバエ科のハエで、動物の糞に発生する。

際に生息しているので、脚の先端部が太くて浮き袋のようになっていたり、捕食性なので口器が頑丈になっていたりします。行動範囲が狭いので、地理的に隔離されて、生息環境も異なるので多くの種に分化したと考えられます。

ウィルヘルム山に登るには、ゴロカからマウント・ハーゲンへの途中から入ります。山麓に教会があり、そこで泊めてもらいました。このような交渉は、何度も来ていて交渉には慣れているサムエルソン博士に一任です。教会の裏には野菜畑があり、自給自足の生活をしています。登山隊が来たことは、地元の人々にすぐに伝わり、翌朝にはポーター志願の子供たちが集まってきました。持たせたい荷物を地面に並べ、サムエルソン博士の合図で子供たちは、持ちたい荷物に飛びつきます。その時点で契約が成立し、途中の山小屋がある三八〇〇メートルまで運んでくれます。あぶれた子供たちもいっしょについてきて、何か持たせてほしいとせがまれますが、ネット、カメラと水筒しか残っていませんので、持ってもらうわけにはいきませんでした。彼らには、夕食と朝食も支給しなければなりません。山小屋の側には大きな湖があり、その水で自炊しました。赤道直下ですが標高三八〇〇メートルともなると、早朝には霜が降ります。最高峰のウィルへルム山へは、多田内先生と二人で登りました。夜明け前から歩き始め、朝日が昇る頃には湖と小屋を見渡せる稜線に到達、すばらしい景色を眺めながら高度を上げていきます。はるか下に見える湖と湖畔の山小屋がはっきりと見えるようになりました。遠くの雲海も朝日に染まっています。朝日が昇るとハエの活動時間です。体温が上がらないと活動できないからです。ところがヤドリバエの羽音が聞こえても、飛ぶのがとても速くてなかなか採集できません。宿主の蛾の幼虫でも探しているのでしょうか。下草のあいだを縫って飛んでいます。このような行動をするハエを採集するには、鋼鉄製のネットが最適です。下草ごともぎ取るように目安をつけて振るとたいていのハエは入っています。標高四〇〇〇メートルを過ぎると呼吸も荒くなってきますが、私は高山病になった経験はありません。山頂付近は岩山で頂上には三角点もありました。この日採集したハエの個体数は少なかったのですが、ここにしか生息していない新種が含まれていました。

牛とともに分布を拡げるハエたち

ノーザン・ハイランド州の中心地、マウント・ハーゲンから南に七〇キロほどのところにゴクラクチョウの保護地区（Bird of Paradise Sanctuary）

があります。宿泊施設もあり、周囲の森も保護されていてゴクラクチョウや多くの鳥が観察できます。保護区の周囲は牧場ですので、牛が森の中にも入ってきて糞をしたりします。この糞にたかっている橙色のイエバエ科のハエを採集しました。糞が見えないくらいたくさんたかっていたのです。帰国してから調べてみると、一八五八年にウォーカー（Walker）により新種として記載されたミイオファエア・スピッサ *Myiophaea spissa* という種でした。標本は、大英自然史博物館に模式標本と二、三個体があるのみでした。このハエは、もともとはキノボリカンガルーやクスクスのようなニューギニア特産の動物の糞から発生していたのではないでしょうか。ところが、牛が導入され大量の牛糞が供給されるようになり多数発生するようになったのでしょう。同じような草食動物でも、牛とクスクスでは糞の量も質も違います。このように、本来は固有の動物糞から発生していたのに牛糞でも発生できる昆虫類がほかにもいると思います。牧畜が盛んになると、家畜の移動により糞食性のハエも分布を拡げていくようです。

ニューギニアからは、牛馬糞から発生する二種と人糞から発生する一種のミドリイエバエを新種として発表しました。三種ともニューギニアの固有種です。

渓流に下りると、流れの上に垂れた木の葉が真っ黒になるくらい、小さなハエがいました。イスメイ博士の専門のキモグリバエ科のハエでした。ネットを振ると、ずっしりと重くネットの半分くらいまで捕れました。イスメイ博士によると、数種はいるらしく、「全部新種だよ」と、嬉しそうでした。

新種のキモグリバエ 幼虫が植物の茎などの中に侵入して成長する。採集用ネットを振ると、ずっしりと重くなるほどたくさん捕れた。

ソロモン群島から西サモアへ
――南太平洋島嶼群にハエを追う――

金色のニクバエを求めて

パプア・ニューギニアから東には、ソロモン、ニューヘブリデス、ニューカレドニア、フィジー、サモアなどの群島が並んでいます。ビショップ博物館に滞在していた際に、これらの群島の昆虫の標本を飽きもせずに眺めていたものです。その中でも特に感動したのが、体長二〇ミリにもなる大型で金色のニクバエでした。島ごとに種が異なり、しかも色彩も違っているのです。胸部が金色で、腹部は黒光りをしている種、体全体が金色の種、ニクバエ類に普通に見られる背中の縦条が普通は三本あるのに二本しかない種などさまざまでした。このようなハエの生息している島に一度でもいいから行ってみたいと念願していました。それが実現したのです。倉橋、嶌両先生と三人でした。ポートモレスビーから最初の島、ブーゲンビ

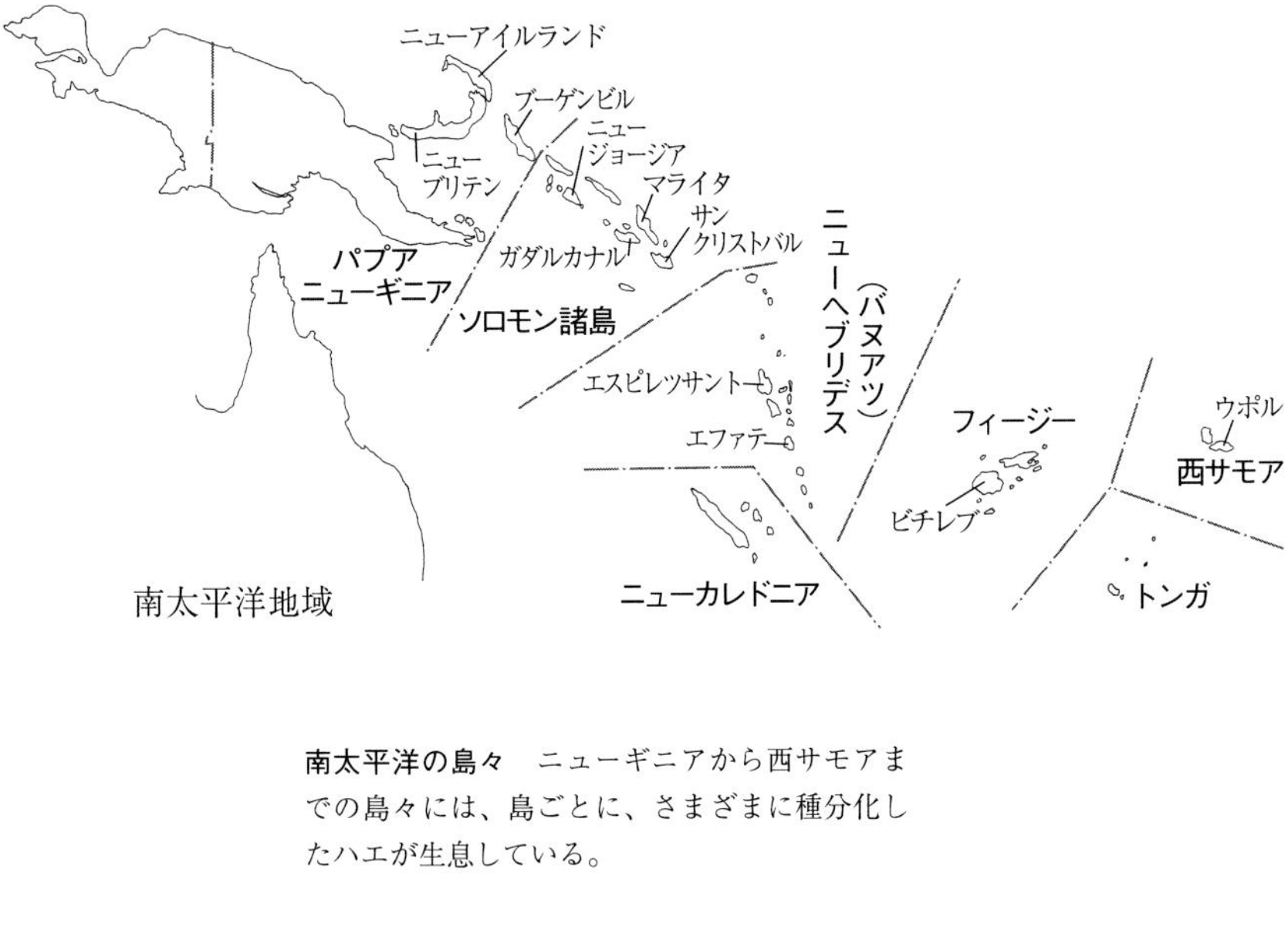

南太平洋の島々　ニューギニアから西サモアまでの島々には、島ごとに、さまざまに種分化したハエが生息している。

ル島に到着したのは、一九七七年の一二月でした。ここは、パプア・ニューギニア国です。

早速、レンタカーを借り、島内を巡りながら採集地点を探しました。太平洋戦争中に戦死した山本五十六提督の乗っていたという飛行機の残骸もありました。その近くで何種かのニクバエを採集し、このうちの一種は、後に新種サルコファガ・イソロクイ *Sarcophaga isorokui* として報告しました。大きくてとても綺麗な種です。ブーゲンビル島に数日滞在した後、同じソロモン群島ですが国境を越えたガダルカナル島に飛びました。翌日からは首都のホニアラでレンタカーを借り、島内を道のあるかぎり調査しましたが、大型のニクバエは見つかりませんでした。ある日、オースチン山というホニアラのすぐ後ろの山頂を越えて少し下ったところの原生林の中で音もなく静かに飛んでいる大きなニクバエを見つけました。ハエとも思えないくらいゆっくりと飛んでいるのです。体長約二〇ミリで金色の大きなハエでした。腐肉にも集まりません。林床の茂みに静かに止まっているのです。やっと習性がわかり、ここで数匹採集できました。さて、これで街に帰ろうと車を発進したのですが、突然の豪雨になり車がスリップして動けなくなりました。この日は、徒歩で街に帰り翌日助けを呼びました。

やってきたのはなんとスズキの軽四輪駆動のジープでした。これが強いのです。あっという間にわれわれの車を山頂まで引き上げてくれました。

新種の発見も楽しみのひとつ

ソロモン群島には多くの島が点在しています。三人が同じ島にいても能率が上がりませんので手分けして調査することにしました。まず嶌さんはニュージョージア島へ、倉橋さんはサン・クリストバル島、私はマライタ島に行くことにしました。マライタ島の原住民は、かなり気性が荒いと聞いていました。それでも車をチャーターして島内を採集して歩きました。採集するにも道路沿いはよかったのですが、数歩ですが森の中に入ったところで現地人に取り囲まれたこともありました。道路からはずれて私有地に無断で入ったというそぶりでした。私には何のことかわからなかったのですが、英語のわかる案内人が後で教えてくれました。ここでも、腐肉トラップで大型のニクバエを採集しました。そのうちの三種はサルコファガ属 *Sarcophaga* の新種で、マライタ島の固有種でした。

首都のホニアラへ帰る日は、悪天候でした。一〇人乗りの小型機に乗ったのですがどうしてもエンジンがかかりません。パイロットが今日のフライトは中止と宣言したので、みんなゲストハウスに帰りました。ところが、ゲストハウスのボーイが、あの飛行機のエンジンをかけるのは得意だといい出して、実際にやってみたらすぐにかかりました。乗客は飛行場にユーターンして、厚い雲の下の低空飛行でしたが無事にホニアラに帰着できました。ニュージョージアへ行った蔦さん、サン・クリストバル島の倉橋さんもホニアラに帰ってきました。どちらもかなりの収穫があったようでした。ただ、倉橋さんによると、サン・クリストバル島には店もなく、食料がまったく手に入らなかったとか。空腹に耐えての調査は過酷だったようです。

バヌアツでの採集—複雑なハエ相—

ソロモン群島の次に訪れたのはニューヘブリデス（現在のバヌアツ共和国）です。当時は、イギリスとフランスの共同統治領で、入国管理、税関などすべての職員が両国の制服で対応していました。首都のポートビラのあるエファテ島は、周囲一〇〇キロくらいの小さな島です。一周道路もありレンタカーで採集に出かけました。原生林は少ないのですが、ところどころに森があり腐肉トラップで大型の金色のニクバエも捕れます。金色の

＊ハナゲバエ　イエバエ科の一属。胸部気門の周囲に剛毛があるのが特徴。気門は昆虫の鼻に当たるので、金沢大学の故堀克重先生が命名した。

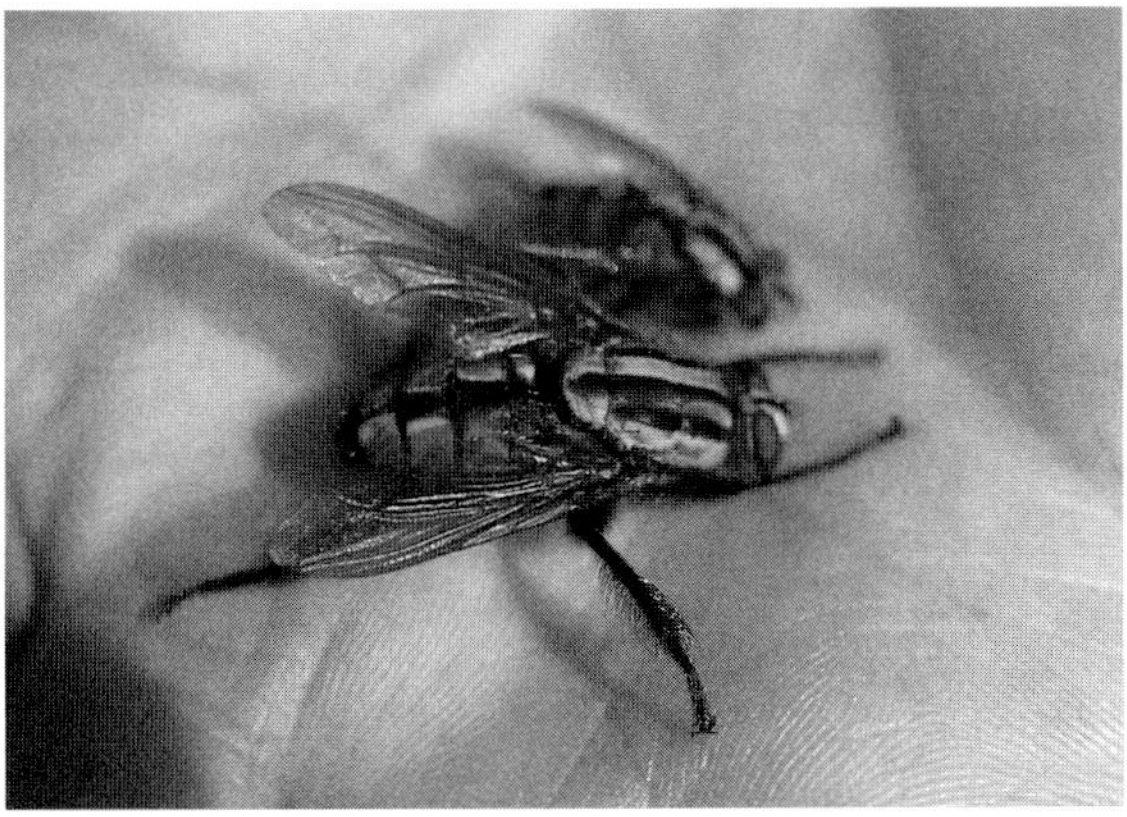

ソロモン諸島の大型のニクバエ　体長が約二〇ミリもあり、ガダルカナル島の原生林の中をゆっくりと音もなく飛んでいた。

ニクバエは二種捕れました。両種ともソロモン群島の種とは違っていて、そのうちの一種は、ニクバエ科研究の第一人者であるブラジルのロペス博士に献名して新種ロペスニクバエ *Sarcophaga lopesi* として発表しました。

ミズギワイエバエ、ハナゲバエなどのイエバエ科のハエも捕れましたが、ニューギニアから比べると次第に種数も少なくなっているようです。大陸から離れるにしたがい、淡水魚類や両生類のような海を渡れない動物の種数は激減します。海を隔てているので、昆虫相も例外ではありません。

この島には、牧場も開かれています。牛が糞をしたのでしばらく観察していると、どこからともなくフタスジイエバエが集まってきました。風のない日でしたので地上すれすれにハエの流れが見えるくらいおびただしい数です。このハエが、人も好んでたかりうるさくてたまりませんでした。フタスジイエバエは、南西諸島から東南アジア、アフリカにかけて広く分布しているハエです。牛糞からも発生しますが、普通はマーケットのゴミ、人糞などがおもな発生源です。近縁種のムスカ・ベッスティシーマ *Musca vetustissima* は、オーストラリアに生息し、牛糞から発生して野外でヒトや動物にたかり悩ませます。顔にたかるのでそれを追い払う仕草を「オーストラリア人の挨拶（Australian salutation）」というくらいです。ヒトにたかるのは、汗や涙を舐めに来るからです。この島のハエは、どうもオーストラリアから移入された*Musca vetustissima*と考えられます。このハエがなぜオーストラリアでこんなに増えたのでしょうか。もともと、オーストラリアにいた種とすると、牛を導入し、牧畜を盛んにした結果ではないでしょうか。テレビを見ているとき、アフリカのライオンやゴリラなどの野生動物にたくさんのハエがたかっているのに気づくことがあるでしょう。これはフタスジイエバエが主です。

これまでにも述べましたが、島ごとに固有種が見られるような列島では、ひとつの島のみを調査するだけではおもしろくないので、このときも、倉橋、嶌さんは最も大きな島、エスピレッツサント島に調査に行くことにし、私は、エファテ島に残り、再度島巡りの調査をしました。バヌアツは、大きな島でも十数島あり、南北に長いのでとても興味のある諸島です。これらの島々の昆虫類についてはいまでもよくわかっていません。いつかまた、各島でのハエの調査をしたいものです。

＊フタスジイエバエ　イエバエ科、イエバエ属の一種。東洋区、エチオピア区（アフリカ）に広く分布する。胸部背面に二本の縦条がある。動物やヒトによくたかり、汗や傷口からの浸出液を舐める。

ニューカレドニア

―オーストラリアともニューギニアとも違う島―

南太平洋島の原生林で

次に訪れたのは、ニューカレドニアです。ここは、フランス領でマンガンの鉱山があります。航空機から見ると、鉱山のあたりは赤茶色の土が露出しています。フランスからの独立運動も盛んと聞いていました。空港には、パスツール研究所のファウラン博士（Dr. Fauran）が迎えに来てくれました。翌日、研究所の所長に会い、標本の持ち出し、採集の計画などを打ち合わせました。特に問題もなさそうだったので、レンタカーを借りて一〇日間で島の大部分を調査することにしました。ニューカレドニアの南の方は、乾燥していて植物もオーストラリア系のものが多いようです。日本にもあるブラシノキもあちこちに生えています。地面にはモウセンゴケの一種がたくさんありました。南側は昆虫類も少なく、あまりおもしろくないので、北の方に行くことにしました。

空港から北に向かって約三〇キロほど過ぎたあたりから山道に入りティオという小さな町に宿泊しました。途中は、牧場やグアバの畑のみでした。ホテルの女主人は英語が話せるので助かりました。祖父は日本人とか。昔、鉱山で働いていたのでしょう。ティオから峠を越えて次の街カナラに向かいました。この間は、原生林が残っていて採集には好適です。途中に一時間ごとの片側通行のところがありましたが、われわれは、待ち時間も採集できたので退屈しません。蝶も多く、腐肉には腹部が褐色のクロバエもやってきます。オビキンバエの一種クリソミア・ニグリペス *Chrysomya nigripes* の雄が、胸部と前腿節の前面の白色の部分を雌に見せてディスプレイしているのをはじめて見ました。ヤドリバエもたくさん捕れたようです。私は、渓流でミズギワイエバエを一種捕りました。この種は、後に新種としてファウラン博士と共著で発表しました。後でわかったのですが、このあたりが最も原生林の残っている地域のようです。テレビでよく見る道具（木の枝）を使って朽木の中から甲虫の幼虫を取り出すカラスなども、このあたりに生息しているに違いありません。

カナラの街から別の峠を越えて南に戻る途中で、電線に止まっている大

ムカシアブ*Philoliche*属の一種　大型のアブで、ヒトや動物からは吸血しない。

型のキリギリスシュードフィロノクス・インペリアス*Pseudophyllonox imperialis*を見つけ採集しました。この種は、ニューカレドニアの切手にもなっています。体長が二〇センチくらいもあります。このほか、動物からは吸血しない大型のムカシアブ亜科Pangoniinaeフォロリケ属*Philoliche*のアブも道路沿いの石の上にたくさんいました。この亜科のアブは、ニューカレドニアには固有種が五種、ニューギニアからは五種知られているのみです。ところがオーストラリアには、八〇種も生息しているのです。

カナラから西側の幹線道路に出て、ひたすら北上しました。ところが、行っても行っても牧場ばかりです。北端に近いところまで行って引き返しました。結局この日は、約三〇〇キロ走って島の東海岸に出て夕方になってHiengheneというリゾート地に到達しました。ここの宿泊施設は、個別の小屋（コテッジ）で食事も美味しく快適でした。外に出ると緑色の蝉が鳴いていました。ここで見た真っ赤な夕日の美しさは忘れられません。

よく調べられているフィジーのハエ

ニューカレドニアをあとにして、次に訪れたのはフィジー諸島です。ここは、以前はイギリス領でした。今でもスカートをはいた警官が交通整理

オビキンバエ *Chrysomya nigripes* のディスプレイ　雄が胸部と前腿節の全面の白色の部分を雌に見せている。

ニューカレドニアのクロバエの一種 *Calliphora xanthura*

緑色の大きなキリギリス　体長二〇センチもある巨大なキリギリス *Pseudophyllonox imperialis*。ニューカレドニアの切手も飾っている。

黄色の体に黒い縦線が入るハナゲバエ
Dichaetomyia elegans

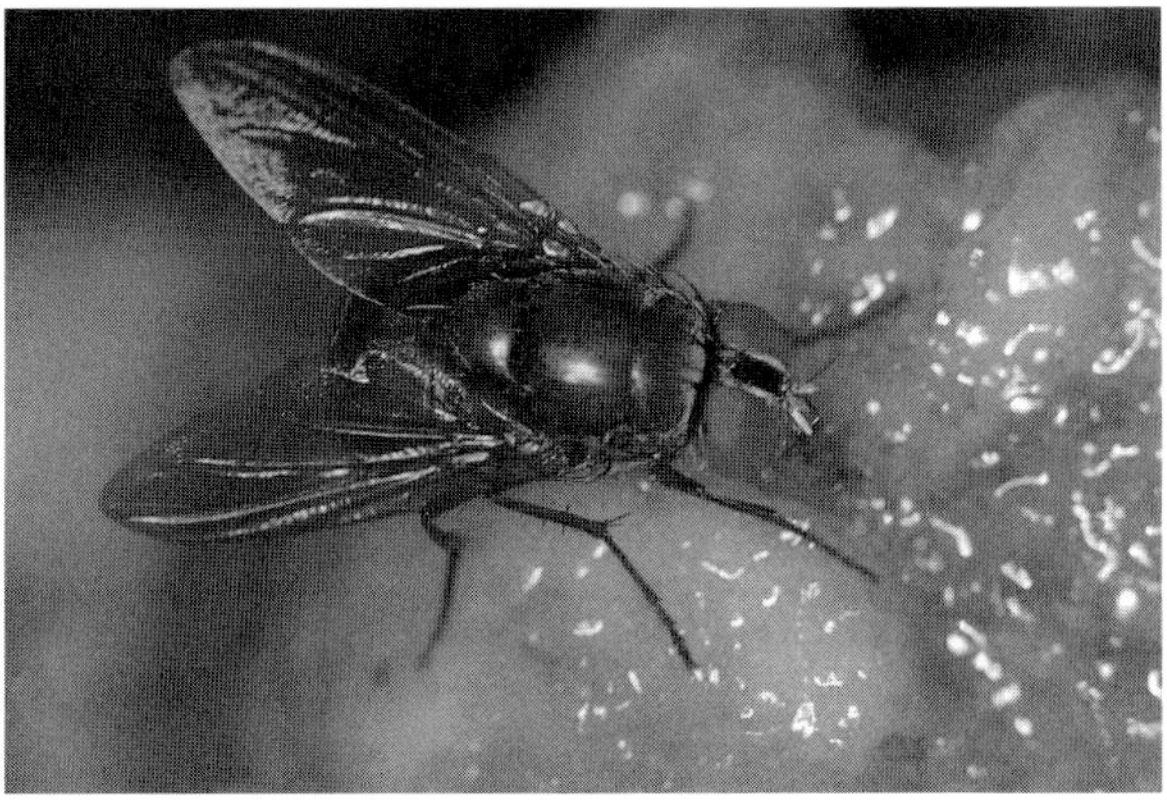

フィジーに固有のミドリイエバエ
Neomyia greenwoodi

をしたりして昔の名残があります。フィジーのハエ類については、一九二八年に出版されたイギリス人ベッツィ（Bezzi）の研究があります。二二〇頁の本で、二三九種のハエが記録されていて、その中に、イエバエ科九種とニクバエ科三種が新種として記載されています。そのうち、イエバエ科のネオミヤ・グリーンウッディ *Neomyia greenwoodi* とネオミア・シモンディ *N. simmondsi* は、旧大陸に広く分布しているミドリイエバエの仲間です。国内にも五種生息していますが、すべて旧北区や東洋区との共通種です。フィジーのような太平洋の真ん中の小さな島にどのようにしてたどり着き分化したのか不思議です。これらの発生源がなんなのかもわかっていませんでした。というのも、当時のイギリス人は植民地で採集した標本だけしか見ていないからです。ミドリイエバエのほとんどは、牛や水牛の糞から発生します。馬糞や人糞から発生する種はわずかです。フィジーにも牧場はたくさんありますがこの二種ともいませんでした。ところが、森林の中で採集していたときに偶然にも人糞にたくさんたかっているのを採集しました。二種とも含まれていたのです。もう一種のディケトミア・エレガンス *Dichaetomyia elegans* は、黄色の体に黒い縦線のあるとても美しいハエです。ベッツィは、これを新種ディケトミア・プロディギオーサ *D. prodigiosa*

として記載しているのですが、残念なことに同じ年にアメリカ人のマロック（Malloch）がディケトミア・エレガンス*D. elegans*という種名で発表していました。発表年は同じですが、マロックは四月、ベッツィは六月でした。したがって、現在は動物命名規約上先に発表した*D. elegans*が使われています。種小名のとおりエレガントなハエです。

このとき採取したニクバエ科の三種のうち一種は、南太平洋地域に広く分布している種、オキシサルコデキシア・タイテンシス*Oxysarcodexia taitensis*ですが、原産地は南アメリカと思われます。ほかの二種は確実に固有種です。クロバエ科には、固有種はないと思っていたのですが、このときに採集したハエの中に、*Dichaetomyia elegans*とそっくりのクロバエが見つかったのです。この種は、倉橋（一九七〇）さんがすでにメリンダ・エレガンス*Melinda elegans*という新種として記載していました。驚いたことに、もう一種のそっくりさんが採集されていたのです。これは、シマバエ科の一種です。科も異なるのに、これほどまでに類似したハエが三種も生息しているのには驚きです。

フィジーでは、首都スーバのあるビティ・レブ島で調査しました。一〇日間で島を一周する予定です。レンタカーで一路北へ向かい、途中の森で

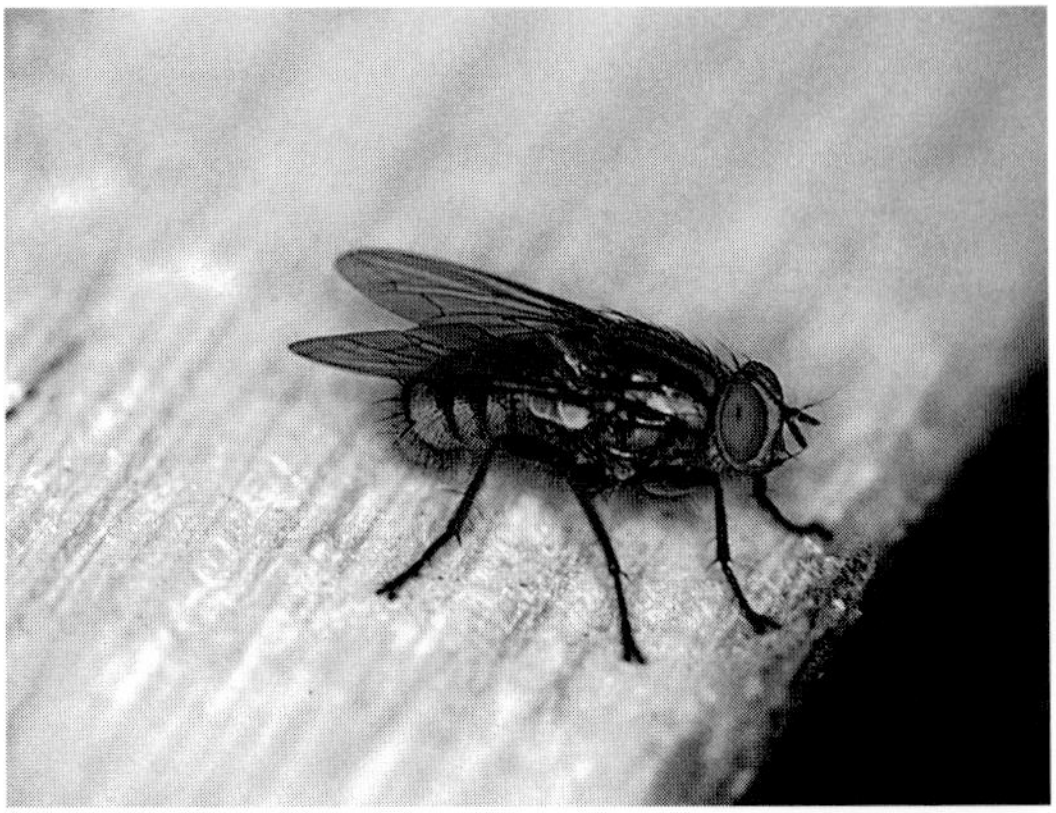

フィジーで採取した外来種のニクバエの一種 *Oxysarcodexia taitensis* 南太平洋の島々に広く分布している。

早速イエバエ科の固有種、*D. elegans*、*N. greenwoodi*、*N. simmondsi* が捕れました。目的地は、島の北寄り中央部にあるビクトリア山（一三二三メートル）です。ガイドを雇って林業試験場のあるナバイという部落から徒歩で山頂に向いました。しばらくは松の植林が続きます。途中からは、二次林ですがかなり森が残っていました。山頂までは約三時間かかるとか。しかし、この森も一カ月後には伐採するということでした。よい森林が残っているのに残念です。フィジーの山は、次に行った島の西側のナウソリ・ハイランドもそうでしたが、ほとんど禿げ山ばかりでした。ナンディの近くから二五キロばかり入ったところに、一カ所だけ伐採中の森林があり、そこではフィジーのハエの固有種をほとんど採集できました。

南太平洋地域の島々には、広東住血線虫が、一九六〇年代にタヒチあたりまで分布を拡げていました。ヒトへの感染源は、アフリカマイマイではなく、テナガエビやカニの生食です。フィジーの道端でもテナガエビを売っているのをよく見かけました。

西サモア国にて

西サモアの空港には、フィラリア防除の仕事をしていた一盛和代さんが迎えに来てくれました。彼女は、後に西サモアでの体験をもとに『七色クレヨンの島』というおもしろいエッセイを書いています。現在は、バヌアツでマラリアやフィラリアの防除対策のために精力的な仕事をされています。

三月は雨期で、滞在した一週間はほとんど雨でした。ホテルの水道は水源地からそのまま引いているらしく、落ち葉が混じっていました。あるときは、スジエビなども出てきたのには驚きました。調査に取りかかるのはかなりたいへんで、ハエというとすぐにゴミ処理場や鶏舎、豚舎のハエを調べに来たと思われがちです。このような場所も調査しますが、本当の目的は自然環境の中のハエの研究です。本来、この島にどのようなハエが生息しているのかを知りたいためです。保健省（Ministry of Health）の局長と話し合っていたときにも理解してもらえませんでした。結局は、われわれが車さえ準備すれば調査してもよいということになりました。小さな島ですが中央部にはモスフォレストが残っていました。乾期に調査するとてもおもしろいでしょう。それでも海岸でサモアの固有種のミズギワイエバエの一種リムノフォラ・フラヴォラテラリス *Limnophora flavolateralis* が捕れたのは収穫でした。サモアのハエについては、マロック（一九二九）

街頭でテナガエビを売る少女　バナナの葉に包まれている（フィジーにて）。

＊モスフォレスト　高温多湿の森林で、樹木に苔や地衣類などが密生している森。

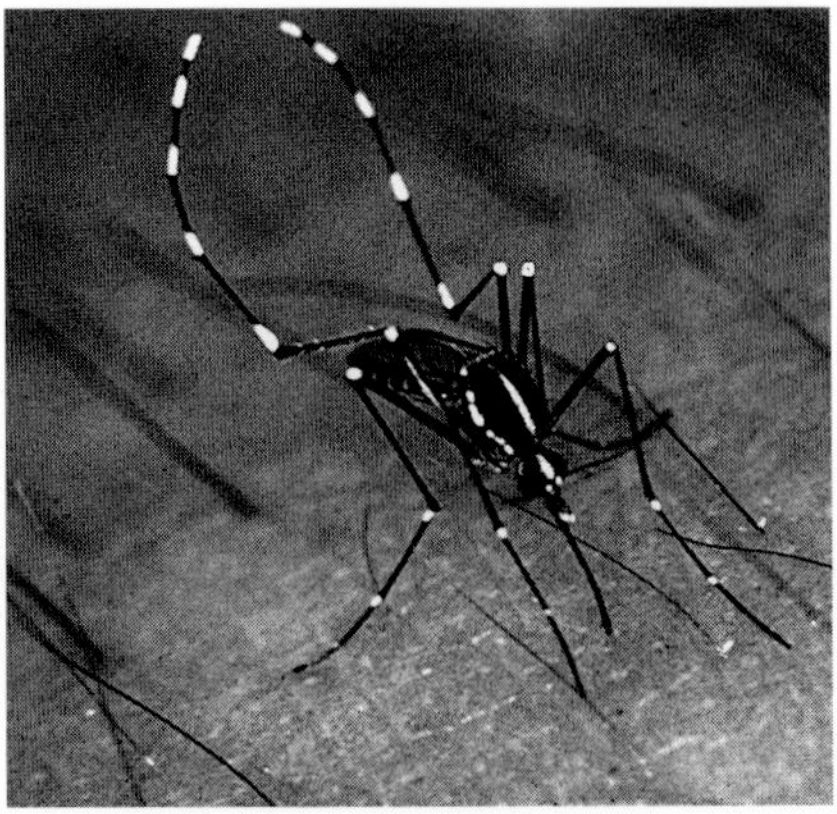

ポリネシアヤブカ*Aedes polynesiensis*　糸状虫の媒介蚊である。

が、『Insects of Samoa（サモアの昆虫）』というシリーズの中でイエバエ科一一属二六種、クロバエ科七種、ニクバエ科七種を記録しています。これらのほとんどは既知種でした。

西サモアは、現在でもバクロフト糸状虫症（フィラリア）の流行地です。媒介するのは、ポリネシアヤブカ*Aedes polynesiensis*というヤブカです。このヤブカは、昼間に吸血するので、この地域の糸状虫の幼虫は、ヤブカの吸血活動に合わせて昼間に末梢血中に現れます。

フィリピン

―熱帯雨林と寄生虫とゲリラの影の中で―

インドネシアには島が三〇〇〇あるといいますがフィリピンには五〇〇〇あるらしい。これは留学生から聞いた数です。地図を見ても両国には、おびただしい数の島があります。一九七五年の年末に、突然、外務省の派遣により「東南アジアのハエ対策の調査」という訳のわからない名目で、東南アジアの五カ国を巡回する出張を命ぜられました。実際には、加納教授が引き受けていたのですが、ご自分は行きたくないので私に行ってこいということだったのです。ベトナム、タイ、シンガポール、マレーシアを廻って、フィリピンに三カ月滞在することになっていました。マニラにあるフィリピン大学の公衆衛生研究所の寄生虫研究室に机を用意してもらい、そして、ここを基地にして一週間ごとにほかの島々を廻りました。外務省

マニラのオビキンバエ *Chrysomya megacephala*

からは、必要な物品として実体顕微鏡を一台だけ供給してもらいました。これは、偶然にもすぐ後からこの研究所に滞在することになった高岡宏行さん（現大分医科大学教授）に残してきました。高岡さんは、新婚早々でマニラに六カ月滞在し、一九八四年に『The Black flies（Diptera: Simuliidae）of the Philippines（フィリピンのブユ科）』という、フィリピンでは画期的なモノグラフを出版しています。

大陸につながっていた島、パラワン島

最初に訪れたのはパラワン島です。フィリピンの島々のうち、パラワン島は氷河期（第四期）にボルネオ、ジャワ、スマトラ、マレー半島などと大きな陸塊を形成していた時代があり、生物相もフィリピンのほかの島と異なっています。蝶では、アカエリトリバネチョウのパラワン亜種が生息しているので蝶のコレクターにはよく知られています。この島には、殺人など凶悪犯罪を犯した囚人を収容する刑務所があります。刑務所といっても塀《へい》もありません。門らしきものがあり、入ると教会と宿舎が建ち並んでいるだけです。看守によると、逃亡するのは容易だが逃げても行く先はなく、食物が供給される刑務所内が最も楽な生活ができるので誰も逃亡しな

料理をしてくれる受刑者　毎日、美味しいフィリピン料理を作ってくれた。

いのだ、とのことでした。刑務所の中にかなり深い森林が残っていたので、しばらくここで採集することにしました。私は、街のホテルに泊まり毎日刑務所内の森に通いました。案内に三人の受刑者がついてくれました。彼らには、街のマーケットで米、魚、肉、野菜や調味料などを買い込んで自分も含めた昼食の材料を用意しました。私が採集しているあいだ、渓流のそばで昼食の用意をしてくれます。薪を拾って火をおこし、ご飯を炊いて、魚や肉の料理を作ってくれていました。彼らもとても楽しみにしてくれたのですが、私も彼らの郷土料理を満喫しました。食器はなくバナナの葉にご飯をのせて、これにスープをかけて手で食べます。このスープは酸味がきいてとてもよい味でした。フィリピン料理のシニガンというスープらしく、地元でレモンと呼んでいる小さな柑橘と米のとぎ汁で作り、それになにかよくわからない葉を入れていました。ここで採集したイエバエ科のうちに、海岸の砂浜にいるカトリバエ属の二新種がありました。砂の色とそっくりで静止するとまったく見えません。これら二種は、フィリピンのほかの島では採集できませんでした。おそらく、この島の固有種でしょう。肉は腐りにくいので魚を使って腐肉採集もしました。腐った魚の臭いには彼らも参ったようでした。オビキンバエの仲間やフモシア属 ***Phumosia***（ク

ロスバニョスにあるマッキンリー山の入り口

ロバエ科）のハエなど多数集まってきました。

パラワン島にもたくさんの牧場があります。牧場では牛や水牛の糞から発生するイエバエ類とアブの仲間を採集したのですが、ほとんどが東洋区の共通種でした。牧場のそばには温泉（露天風呂）もあります。ここの番人も牧場で働いている人も受刑者です。後で聞いたのですが、この地域の四〇キロ四方が刑務所だとのことでした。

模式産地マッキンリー山

マニラから南に約五〇キロ、車で約一時間のところにロスバニョスという街があります。ここには、フィリピン大学農学部のキャンパスがあり、近くにはＩＲＲＩ（国際イネ研究所International Rice Research Institute）もあります。農学部には昆虫学の研究室もあり活発な研究をしています。このキャンパスのすぐ後ろにマッキンリー山（Mt. Macquinling）という樹木の生い茂った山があり、林学部の演習林ともなっていますが、ここは、昔から昆虫の採集地として知られており、多くのハエの模式産地ともなっています。あまり奥に入ると強盗に遭うという注意を受けて山に入りました。目的はやはりここで記載されたいくつかのハエを採集することです。

Phumosia costata（マッキンリー山にて）

Lucilia fumicosta（マッキンリー山にて）

とにかく、標本があるのとないのとでは以後の研究の進展具合が違います。ヨーロッパやアメリカの博物館に所蔵されている標本は、採集してすぐではなく、本国に送ってから標本にしたもので状態もあまりよくありません。やはり自分で採集して研究用にきちんとした標本を作製するのが重要です。ほかにもまだありますが、クロバエ科のルシリア・フミコスタ*Lucilia fumicosta*、ヘミピレリア・タガリアーナ*Hemipyrellia tagaliana*、フモシア・コスタータ*Phumosia costata*、イエバエ科のディケトミア・アトラツラ*Dichaetomyia atratura*、ディケトミア・ビセトサ*D. bisetosa*、ディケトミア・フラボカウダータ*D. flavocaudata*、ディケトミア・テヌイス*D. tenuis*などがここで最初に記載された種です。クロバエ科の三種は腐肉トラップで簡単に採集できましたが、イエバエ科は四種のうち二種しか採集できました。これらは腐肉には集まらないので採集が容易ではありません。腐肉に集まるのは、産卵のためで幼虫が腐肉を食べて成長するからです。ところが、このような性質のない種は、見つけてネットで採集するしか方法はありません。最近、熱帯の森林が伐採のために減少しています。この山は、大学のキャンパス内にあるので伐採されることはないでしょう。

オビキンバエ *Hemipyrellia tagariana* マッキンリー山で採取した。腹部が金緑色に輝き、すばらしく美しい。

レイテ島—日本住血吸虫症の島で—

レイテ島は、ルソン島の南に位置する細長い島です。この島は、太平洋戦争の際に日本軍の攻撃に耐えられずアメリカ軍の司令官マッカーサーが「I will return」という言葉を残して撤退し、後に再上陸したことで有名です。そしてもうひとつわれわれのあいだでは日本住血吸虫症の流行地としてもよく知られています。ここにはＪＩＣＡの援助で住血吸虫対策の研究室があり、松田肇博士（現獨協医科大学教授）がその任に当たっていました。このほか、山梨県立病院の林正高先生も滞在していました。私の滞在中は、フィラリア対策に従事しているラブナオ博士（**Dr. Labnao**）が案内してくれることになっていました。さてここからがたいへんです。まずマーケットとゴミ処理場に出かけてイエバエの採集です。ネットを拡げたとたんにまわりから大勢の人が集まってきます。何事が起こったのかと思ったようです。なにしろ日本人がそこらあたりにいるめずらしくもないハエを採集しているのですから。ネットで採集したイエバエを試験管でプラスチックのカップに移し、水で練ったマウス用の粉末飼料を与えておくと、ハエは一晩でこれに産卵します。これを終齢幼虫にまで育てて日本に送るのです。市場、ゴミ処理場などいろいろな場所で採集し、一カ所で数コロニーを作

レイテ島　日本住血吸虫症の流行地。家屋の床下は浸水している。

るのでホテルの部屋はかなり悪臭が漂いますし、さらに腐肉が加わるので当然のことながらホテルではいつも嫌がられます。しかし、研究のためにはめげてはいられません。

レイテ島には原生林はほとんどないので、ラブナオ博士の家のある隣のサマール島に案内してもらうことにしました。レイテとサマールとのあいだには、日本の援助で橋が架かっています。橋を渡るとその先は稀にみる悪路でした。雨期でもありジープは徒歩くらいのスピードしか出ません。やっと船着き場に到着、そこから船外機つきのくり舟で出発しました。マングローブの生い茂った河を上流に向かうこと約一時間、伐採地に到着しました。河の両岸には現地人の小屋がぽつぽつとあり、魚を捕ったり、洗濯したりしている光景が見られます。早速腐肉採集をしたのですが、やってくるのはオビキンバエばかりでがっかりしました。ところが後にこのオビキンバエは、倉橋さんにより新種サマールオビキンバエ *Chrysomya samarensis* として報告されました。つまらないと思っても採集しておくものです。

サマール島の森林は奥深くすばらしい眺めでした。この島は一～二週間キャンプでもして、じっくり時間をかけないと調査できそうにもありませ

サマール島　奥深く、すばらしい眺めの森林を持ち、短時日ではとても調査しきれない。

ん。マニラに帰ってから聞いたのですが、この地域は反政府組織新人民軍の拠点地だそうで、いつ銃撃されるかわからないのによく生きて帰ったなといわれました。ラブナオ博士は医師としてこの地域を巡回して診療しているので、彼がいたから安全だったのでしょう。どうりでレイテの政府関係者はサマール島に行くのをしりごみして誰もついてこなかったはずです。

バナナとヤシのプランテーションの島

ミンダナオ島は、フィリピン最大の島です。ダバオは日本人の街として知られています。ここではマラリア駆除の関係者が案内してくれることになっていました。ダバオで三日ばかり滞在し、例によってマーケットで採集したイエバエを日本に送るための飼育を開始してから、周辺の海岸やプランテーションを採集して歩きましたが、収穫はありませんでした。そこで五〇キロほど離れたタグンという街まで行くことにしました。途中はほとんどバナナとヤシのプランテーションばかり、乾燥した疎林でクロバエ類を少し採集したのみでした。ミンダナオ島は、大きな島で平地は開発されています。奥地に行けば原生林も残っていますが、この時は準備不足であきらめました。ダバオからは、ミンダナオ島の最高峰アポ山（Mt. Apo）

が望めます。また近くには国鳥のフィリピン・イーグルの保護地があり、そこも自然が残されています。この地域も反政府組織新人民軍の拠点地で、政府の関係者は案内するのを嫌がっていました。後に調査に入ったマグパヨさんは捕まって一日監禁されたと聞きました。

ダバオには、アテネオ・デ・ダバオ大学（Atheneo de Davao University）という小さな大学があります。ここの講師でマグパヨ（Fe Ries Magpayo）さんという若い女性がいました。ダバオを訪れた際には知らなかったのですが、二年後に加納教授のところに「ハエの研究のために日本に留学したい」という手紙が舞い込みました。加納先生は外国人びいきで、特に女性は大歓迎です。早速、学術振興会の奨学金を申し込んで呼ぶことにし、幸いにも奨学金が交付され彼女が来日しました。彼女のことをわれわれはマグちゃんと呼んでいましたが、彼女は、一年間の滞在中に、私が採集した標本と自分が持参した標本で二編の論文をまとめて帰国しました。なかなか活動的な女性で、前述のごとく一時帰国して採集に出かけた際に、新人民軍に捕まって監禁されたこともありました。論文が認められたのか、後に大英自然史博物館に留学して、イエバエ科の第一人者ポント博士（Dr. Pont）と共著で、フィリピンのクキイエバエ属のモノグラフを出版してい

＊モノグラフ　ひとつの課題について詳しく研究した著述。この場合はニクバエ科の分類学的研究である。

ます。このような研究者が育ってくれればよいのですが、なかなか思うようにはなりません。フィリピンには、女性の研究者が多いのでマグちゃんにも期待しているのですが。

タイ国
——異常気象の中で——

　バンコクのマヒドール大学でハエの分類法という講義をしたことがあります。このときに、とても熱心にメモを取り、活発に質問してくる青年がいました。後に文部省の留学生として二年間われわれの研究室に滞在して学位を取得して帰国したワタナサク・ツムラスビン君でした。彼は、後に学術調査の際にいつもわれわれのチームに同行してくれて本当に助かりました。一九七五年のタイ国の調査は、加納・倉橋組と篠永・嶌組に別れてしまいました。同時に調査する予定であったマレーシアから許可が出ないので、加納・倉橋組は、先にタイに行くことにしたからです。加納組は、七月に行ったのでかなり収穫があったのですが、われわれがバンコクに到着したのは一二月五日でした。この年は、異常気象で、バンコクの気温は摂氏五度、ホテルに毛布がなくシーツ一枚では寒くて寝られない状態でした。日本の国内でも、昆虫類は一〇度以下では活動が鈍ります。まして熱帯のタイ国では、この寒さのせいで昆虫はほとんど見かけません。

昆虫の飛ばない熱帯の森

タイ国では、加納先生たちのアドバイスで最初に映画「戦場に架ける橋」で有名になったカンチャナブリ方面に行くことにしました。バンコクから車で二時間、カンチャナブリの街を過ぎて六〇キロほどクワイ川沿いを上流に行くと石灰岩の台地があり国立公園となっています。森林も残っていて、なかなかよい採集地です。ヤドリバエ科のハエがとても多かった記憶があります。ヤドリバエ科の幼虫は、鱗翅目《りんしもく》（蝶や蛾）の幼虫に寄生します。種数は多く、種までの同定はかなり困難ということです。イエバエ科、クロバエ科にもはじめて採集した種がたくさんありました。

一度バンコクに帰って、次に訪れたのはチェンマイです。ここはタイの北部、緯度では台湾に相当する位置です。周囲には標高一〇〇〇メートル以上の山もあります。ドイ・ステップ、ドイ・プイ（一四〇〇メートル）などを廻りましたが、気温は五〜七度、熱帯の虫の出てくる気温ではあり

野生のシカ　国立公園などの野生動物からは、ときにめずらしいハエを採集できることがある。このシカからも、めずらしいサシバエが捕れた。

ません。日当たりのよいところで腐肉を置くとキンバエが少し集まってきました。チェンマイから北に二〇キロのところにタイの最高峰ドイ・インタノン（一八〇〇メートル）があります。山頂はレーダー基地となっているので入山には許可が必要です。ワタナサク君が許可をもらってくれて、なぜか国連の車で行くことになりました。山麓の一四〇〇メートルの地点に、少数民族のミオ族の部落があります。加納組の話では、ここでたくさんのハエを採集したとのことでしたが、そのときは、ハエの姿はまったく見えませんでした。

最近ここを訪れた倉橋さんによると、現在はハウス・イチゴの栽培が盛んで、昔の面影はまったくないとのことです。山頂付近は広葉樹の林です。イエバエ科のハエで興味ある種がかなり採集されました。

チェンマイを一週間で引き上げ、バンコクに帰りました。次に調査したのは、カオ・ヤイ国立公園です。ここには野生の象なども生息していて、とても期待できる環境です。公園の事務所でハエのみの採集許可をもらって調査を開始しました。気温が低く七度しかありません。それでも象の糞から何種かのコミドリイエバエ属 *Pyrellia* のハエが得られ、このうちの二種が、新種でした。そのうちの一種は、ワタナサク君の上司スチャリット博士（Dr. Sucharit）に献名してピレリア・スチャリティ *Pyrellia sucharitii* としました。

国立公園の森の中を歩いていると突然シカらしい動物に出会いました。人をあまり恐れずにじっとしています。体にはサシバエらしきハエがたかっていましたので、そっと近づいてネットで採集しました。後で調べたところ、サシバエの仲間で、ヘマトストマ・アウステイニ *Haematostoma austeini* という種でした。大英自然史博物館には三匹の標本がありましたが、すべて壊れていて完全なものはありませんでした。サシバエ類というのは硬い口器をもっていて、食物として動物から吸血するイエバエ科のハエをいいます。世界で一〇属四九種が知られており、特にアフリカで繁栄しています。

このときに採集したハエは、後に来日したワタナサク君の研究テーマとしました。彼も、二年間の滞在中に、「タイ国の衛生上重要なハエ類の研究」として数編の論文をまとめ、これにより学位を授与されて帰国したのです。彼は、帰国してから三年後に突然亡くなりました。タイ国での研究者としてこれからという時でしたので本当に残念です。

マレー半島とボルネオ
―エビの養殖とハエ―

待ちに待ったマレーシアの調査許可が送られてきたのは一九七五年の一〇月に入ってからでした。早速、航空券を手配してクアラルンプールに飛びました。ここでの受け入れ先は国立医学研究所（Institute of Medical Research）です。昆虫部主任のチョンさん（Mr. Chong）と相談して、一週間はカメロン・ハイランドへ、残りの一週間は、クアラルンプールの周辺で調査することにしました。同行してくれるのは、殺虫剤の専門家のインダー・シン博士（Dr. Indar Singh）です。彼はシーク族でいつもターバンを頭に巻いています。彼とは以前に訪れた際に、カメロン・ハイランドのイエバエの殺虫剤抵抗性などについて議論したことがあります。殺虫剤を使用しない方法でのイエバエの防除が問題でした。このときは、エビ殻を使用している以上は、イエバエの発生を押さえるのは困難という結論に達しました。カメロン・ハイランドはマレー半島への新鮮な野菜の供給地なのです。野菜畑には肥料としてエビの殻を使用しています。ところが、その肥料から発生するイエバエの数は想像がつかないほどです。収穫した野菜を運ぶトラックにおびただしいイエバエが群がり、街に降りていくのです。殺虫剤などで駆除できる単位ではありません。野菜畑の畝がイエバエの幼虫の大発生でもこもこと動いているのです。街に降りていったイエバエは、民家やマーケットに侵入していますが、地元の人々はそんなことでは驚きません。

エビとイエバエとマングローブ

カメロン・ハイランドには、政府のゲスト・ハウスがあり、そこに泊まりました。後ろの山には、遊歩道もあり深い森が残っていました。よく覚えていませんがここを舞台にした、シジミチョウの仲間、ゼフィルス（ミドリシジミ）をテーマとした推理小説があった記憶があります。麓にはアカエリトリバネチョウがたくさん飛んでいました。灌木のあいだには野外性のゴキブリが何種もいました。ゴキブリといっても大型の種ではなく、

野菜畑のハエを調べるシン博士　カメロン・ハイランドの野菜畑は、肥料として撒かれるエビ殻にイエバエが発生し、畝が幼虫であふれてもこもこと動いていた。

中＝車のボンネットに群がるハエ、下＝野菜カゴについているハエ　野菜畑のエビ殻から発生したおびただしい数のイエバエが、いたるところについて、新鮮な野菜とともに街に降りていく。

大きなウツボカズラ　カメロン・ハイランドの山頂にいたる歩道で見かけた。つぼ形の袋の中には昆虫類がたくさん生息していた。

小型ですがとても綺麗で、しかもとてもすばしこいのです。カメロン・ハイランドの最高峰はベレムバン山（Mt. Beremban）という低い山で、山頂まで車で行けます。山頂から少し降りるとすばらしい森林が広がっています。谷側では、テナガザルの吠え声が聞こえていました。歩道の側には、大きなウツボカズラがぶら下がっていましたので、その中の水を採取してきてバットにあけてみました。なんとたくさんのカの幼虫やいろいろな昆虫類がいたのです。ウツボカズラは、つぼ形の袋に落下した昆虫類を消化して栄養としてしまうはずです。ところが、たくさんの昆虫がその中で生活していたのです。私もウツボカズラの中のニクバエを新種として記載したことがあります。倉橋さんも同じウツボカズラから採集したクロバエ科の新種を報告しています。

マレー半島は、ボルネオ島やスマトラ島と同じ大陸を形成していたので、ハエ相は互いによく似ており、共通種もたくさんいます。このあたりのハエ類は、すでにイギリス人により記録された種が多く、興味ある種はあまりありません。植民地時代にすでにほとんどのハエ類の調査ができていたのには驚きです。しかも大英自然史博物館に標本がきちんと保管されているのです。

マングローブの伐採地　河口に拡がるマングローブ林を切り開いて、マングローブ材として運び出している。

クアラルンプールの周辺では、おもにマングローブ林で調査しました。低地の森はほとんど伐採されていてオイル・パームとゴム林になっています。タイ国でもそうでしたが、マングローブ林の開発が始められているようでした。川の河口に拡がるマングローブ林は、干満の差が激しく、潮が引くと種々さまざまな動物が姿を見せます。シオマネキなどカニの仲間、愛嬌のあるキノボリハゼなど、いつまで見ていても飽きません。泥の中からゴミムシなども姿を現します。潮が満ちてくると海からたくさんの魚が遡上《そじょう》してきます。大きな川だと、何十キロも上流まで干満の差があります。干上がった泥土の上に魚やカニの死骸を置くとニクバエが多数やってきました。マングローブの葉の上には、小さな陸貝もいます。昨年（二〇〇二）のオーストラリアでの国際双翅類会議では、幼虫がこの陸生巻貝に寄生するニクバエの発表がありました。

東南アジアでは、マングローブ林を伐採してエビの養殖場にしています。養殖場は大量の餌を撒くので海の汚染の原因となり、これが沖合の珊瑚礁を死滅させることにもなります。マングローブ林は、水の汚染を防ぐのみでなく稚魚、エビやカニの隠れ家にもなります。最近は、こうしたマングローブ林の価値がわかってきて、養殖をやめて林を復活させる試みもあるようです。

ボルネオ島―サバ、サラワクの森で―

マレーシアは、マレー半島とボルネオ島の北側のサバ、サラワクの二州に別れています。ボルネオ島の二州は独立国のようで、調査にはまた別の許可と滞在許可が必要でした。最初に訪れたのはサバ州のコタキナバルです。ここでは、マラリア防除の仕事に従事していたヒイさん（Mr. Hii）が案内してくれることになりました。彼は、研究熱心でマラリア媒介蚊であるハマダラカ類について詳しく、後に日本にも招待しましたが、その後ロンドンのロンドン熱帯医学衛生学学校（London School of Tropical Medicine and Hygine）に留学して学位を取得しています。彼が留学していた頃、私もちょうどロンドンに滞在していて、彼とはパブでよくビールを飲んだものです。

サバ州の州都コタキナバルの南にボルネオ島の最高峰キナバル山（四〇九〇メートル）があります。今回は、その周辺の調査をすることにしました。コタキナバルの国立公園事務所で入山と採集許可とロッジの予約を済ませて、食料、酒、腐肉トラップ用の肉と魚などを買い込んで出発しまし

魚の囮に集まるオビキンバエ　（ボルネオ・サバ州にて）

キナバル山　ボルネオ島の最高峰。雨期に訪れたため、高山帯での昆虫採集は期待できず、ロッジを基地にしての日帰り採集に明け暮れた。

た。公園のロッジは標高一三〇〇メートルにあり、以前はイギリス人の避暑地だったのでしょう。とてもきれいで、部屋も広く暖炉まであります。訪れた一一月頃は雨期で、毎日朝の一〇時頃から豪雨となります。しばらくするとやむので、晴れ間にロッジを出ては採集しました。キナバル山に登るには、公園事務所での許可と案内のポーターを雇わなくてはなりません。ポーターといっても地元の子供です。女の子もいました。地元の子供たちは、われわれが何を採集しているのかよく観察していて虫をよく持ってきてくれます。ありがたいときもあるのですが、殺虫管に入りきらず悲鳴を上げることもありました。今回は、雨期で高山帯の採集は期待できなかったので、日帰りで行けるところまで行ってみることにしました。途中で腐肉採集しながら登ります。低地で見られたオビキンバエ類は、標高二〇〇〇メートルあたりからいなくなり、クロバエが出てきます。オビキンバエは、熱帯のハエなので、気温が下がると生活できません。それに代わってクロバエが現れるのです。ここのクロバエは卵胎生で腐肉に幼虫を産みます。じっと見ていると一回で一五〜二〇個体の幼虫を産むようです。

登山道沿いはウツボカズラの宝庫です。何種もあり最も印象的だったのはシビンウツボカズラという和名のついた種でした。本当に溲瓶《しびん》そっくり

シビンウツボカズラ（中右）　キナバル山の登山道で見かけたウツボカズラは、つぼの中の水たまりに昆虫たちが生息していた。

キナバル山のオビキンバエ *Chrysomya villeneuvi*

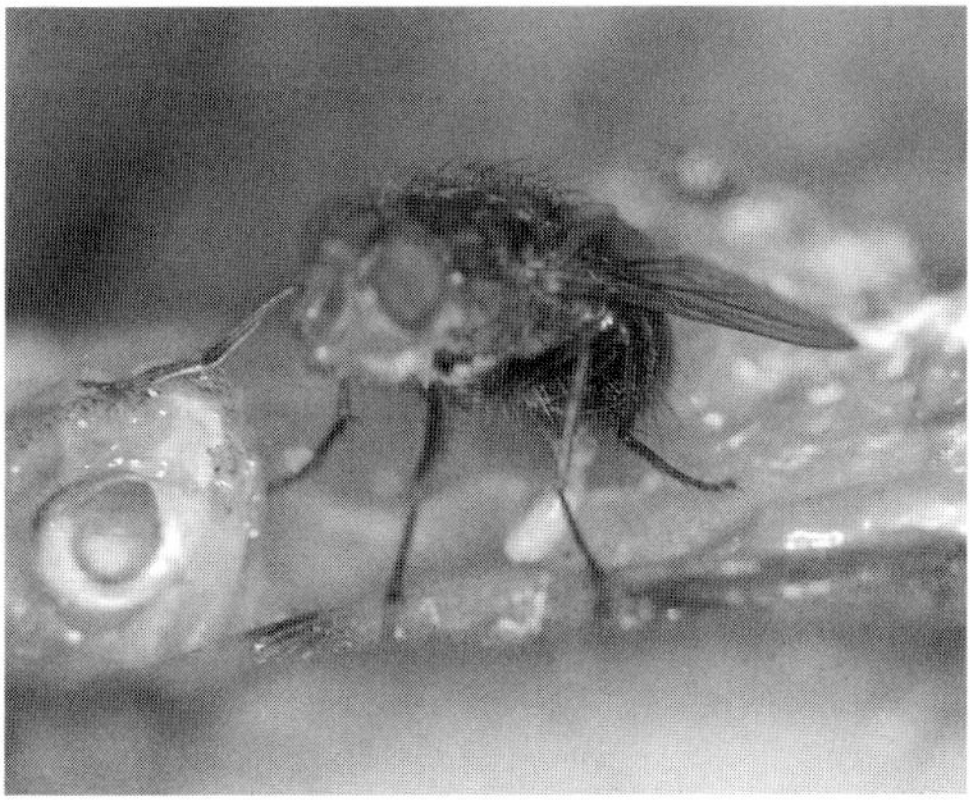

卵胎生のクロバエ *Calliphora fulviceps*　キナバル山のような高山では、標高二〇〇〇メートルあたりから、熱帯のオビキンバエにかわってクロバエが出てくる。

なのです。ランの種類も多く、次々と違ったのが見られます。野生のランが同時にこれほど多く見られるところは少ないでしょう。ここのウツボカズラにもカの幼虫が生息していました。翌日ヒイさんも大喜びで採集してきました。彼は、マラリアの媒介蚊ハマダラカの専門家です。まさかこのような植物中の水たまり、しかも食虫植物の中にカの幼虫がいるとは思ってもいなかったようです。かなり興奮していました。三〇〇〇メートルあたりで大雨となりましたので、ロッジに引き返しました。五月頃にくると毎日晴天ですばらしいとか。

ロッジの前に街灯があり、毎朝その下を見まわるとクワガタ、コガネムシ、カブトムシなどの甲虫が落ちていました。灯火採集でもするとおもしろいのでしょうが、現在は規制が厳しくてとても無理でしょう。

キナバル山の麓、標高五〇〇メートルのところにラナウという街があり、その近くにポーリングという温泉があります。国立公園の境界ですのでレンジャーに頼んで入れてもらいました。渓流もありなかなかよいところです。ところが雨期のためたくさんのヤマビルが草の上で待ちかまえていました。息を吹きかけると二酸化炭素を感じて急に活発に動き始めます。吸血源の動物が近づいたことを感知したからです。こんなところを歩いたと

特別大型のキンバエ *Hypopigiopsis fumipennis* キナバル山麓の麓で採集。小型のハエはオビキンバエ。

きは、夜、宿舎で靴下を脱ぐと満腹したヒルが丸くなっていることもあります。取りのぞくと血が流れて止まりません。近くの森の中にゴミ集積場がありました。集まっているのはほとんどキンバエ類です。森林性の種が多く、その数はとても言葉では言い表せないくらいです。その中に、特別大きなキンバエがいました。ヒポピギオプシス・フミペンニス *Hypopigiopsis fumipennis* というハエです。体長は普通のキンバエの二倍はあります。森の中にゴミを捨てると、このような森林性のハエが増えるのです。普段は、わずかの動物の死体や肉食動物の糞などから発生しているのですが、ゴミ集積場ができると幼虫の餌となる発生源がふんだんにでき大発生するのです。街にいるイエバエなどはほとんど見られませんでした。

サラワクでは、サラワク博物館のガシンさん（Mr. Gassing）に会い、採集の計画を立てました。彼は、私がホノルルのビショップ博物館にいたとき、研修生として博物館学の勉強をしていましたので、その時以来の再会でした。クチンの近くはほとんど開発されていますが、南西に一〇〇キロばかり行ったところにバライ・リンギンという森林があります。ここはインドネシアのカリマンタンに近く、共産ゲリラの拠点ともなっていて、政府軍の兵士が警備していました。原生林は樹高三〇〜五〇メートルの樹に被われ、日中でも薄暗く、下は湿地でなかなか歩けません。倒木などを伝わっていって日の射す空き地を見つけて腐肉を置くとオビキンバエ属*Chrysomya*、フモシア属*Phumosia*、ヒポピギオプシス属*Hypopygiopsis*などたくさんのクロバエ科のハエがやってきました。イエバエ科のハナゲバエ類、マルイエバエ類などは動物糞などからは発生しないのですが、これらのハエも採集できました。蝶やトンボもこれまでに見たことのない種が多く、カも何種かいて、ハマダラカも混じっていました。このときに得られたフモシア属*Phumosia*のクロバエについては、倉橋さん（一九七七）により一新種を含む八種が記録されました。

ロングハウスを見に行く

サラワクに来たら一度は見たいと思っていたのはダヤク族のロングハウスです。幸いにも、クチンから七〇キロほど南に行ったところにムアラモンコスという部落があり、そこに案内してもらうことになりました。車を置いて山道を数キロ歩くと大きな川岸に出ます。対岸にロングハウスがあり、入ってみると梁《はり》の上に頭蓋骨が並んでいました。噂に聞いているダヤク族のロングハウスです。頭蓋骨が並んでいるのはかなり不気味です。泊めてもらう交渉をしたのですが、主人が留守だったので外の小屋に泊めてもらうことになりました。食料はクチンで調達してきて自炊です。大人や子供たちがたくさん集まってきて大騒ぎです。日本人などあまり見たことがないようです。ここは、カリマンタンに近く、インドネシア人が自由に出入りしています。マラリアの患者も多いのですが、薬を配布しても売ってしまって自分は治療しないので困るという話でした。このあたりは二次林ばかりで、あまりおもしろいものは見あたりませんでしたが、橙色のとても美しい大型のタマヤスデには驚きました。焼き畑をするので、植物相も単純となるうえに、土地が乾燥してしまい昆虫も極端に減ります。

クチンから船で北に一時間半のところにサントボン（Santubong 山都望）というところがあります。ここはサラワク博物館の遺跡発掘現場で博物館の倉庫があります。カが多いので有名だそうで、昔の発掘現場の写真を見ると、人がカに埋もれているようなのがありました。確かに黒色のヤブカがたくさんいます。もうひとつやっかいなのはヌカカです。体長一～三ミリほどと、小さくてシャツの袖からでも入ってきて吸血します。種類によっては頭髪の中にまで入り込む種があります。ドリアンが落ちていたのでそれでトラップを仕掛けてみました。ショウジョウバエやイエバエ科のハ

ダヤク族のロングハウス　その名のとおり、長く屋根をつらねた家に何世帯もの家族が共同で暮らしている。家の中の梁には頭蓋骨が並んでいた。

エが集まってきます。マングローブ林では、ニクバエやミズギワイエバエ、カトリバエなどイエバエ科のハエも多く、なかなかの収穫でした。ミズギワイエバエとカトリバエは、捕食性のハエです。幼虫が水生で、成虫は水際に生息していて、孵化《ふか》してきたユスリカなどを捕まえて食べます。

サラワクで調査するならば、短期間ではなくて、上流まで川をさかのぼり林道に入って採集するしかありません。現在は、かなり奥まで林道が通じているとか。熱帯雨林はどのくらい残っているのでしょうか。一度伐採すると植林などしても回復不可能です。森林をなくすると雨が降っても保水力がないため、表面の土砂が流れてしまいます。草原になってしまうと樹は育たないでしょう。育つのはユーカリの仲間くらいでしょうか。

シンガポールでの調査

シンガポールは、マレー半島の先端の小さな島国です。日本人の観光客も多いのでよく知られています。現在観光地となっているセントサ島は、以前は、海岸にはマングローブが生え、中央部には森林が残っていました。今は昔の面影もありませんが、ここで何種かのニクバエの新種が見つかっています。マングローブ林のハエ相はあまり研究されていません。干満の差があり、いつでも調査するというわけにはいかないのも十分に研究されていない原因でしょうか。街からそれほど遠くないところに、ブキティマという自然保護林があります。小さな森という意味です。山頂まで車で行けます。この森の中で腐肉採集するとニクバエやキンバエが集まってきましたが、普通種ばかりでした。シンガポールは、小さな国なので面積のほとんどが人の居住区域です。しかも観光地ですので人の生活環境内に生息するいわゆる普通種が多くなるのです。

台湾の最高峰玉山　標高三九九八メートル、山頂にある高さ二メートルの銅像の頭頂がちょうど四〇〇〇メートルになるという。

台湾

―雨の調査行―

雨に閉ざされた玉山のハエ

台湾の調査は、一回かぎりで一カ月間の調査申請をしました。メンバーは、篠永、嶌と久留米大学の上宮健吉、帯広畜産大学の岩佐光啓両氏を加えた四名でしたが、最初に嶌さんと二人で行くことにしました。台湾では、伝染病研究所の林和木さんと台湾大学昆虫学研究室の朱耀沂教授に全面的にお世話になりました。林さんは、台湾のマラリア防除班のメンバーとして活動され、マラリア撲滅に功績のあった方で、加納先生の昔からの親友です。このときの調査には、一カ月ずっと同行してくださいました。

台湾の山に入るには、まず入山許可が必要です。今回同行してくれることになった台湾大学の大学院生蔣中桂君も入山許可が必要です。また、最高峰の玉山《ユイーシァン》（三九九八メートル）に登るには台湾登山協会のガイドをつけて、ガイドにはガイド料と宿泊費、旅費など一切を支払わなければなりません。とりあえず最初の調査は玉山にしました。林さん、蒋君、ガイドとわれわれ二人で出発です。台北から観光地で有名な阿里山《アリシァン》を通り抜け、玉山の登山口近くの自忠《ジーチョン》（二三〇〇メートル）の山小屋に着きました。阿里山からは徒歩の予定でしたが林道が通っていたので、悪路ですが歩かなくて済み、予定を一日短縮できたのは幸いでした。翌日、早朝に自忠の山小屋を車で出発して約二時間で塔々加鞍部《ターターチア》（二七〇〇メートル）という登山口に着きました。そこからは徒歩です。約七時間かけて山頂直下の排雲山荘に到着しました。ここは日本の富士登山と同じく若者でごった返していました。ハエの調査どころではありません。寝るところも十分ではないのです。翌朝は雨でした。四時に山頂に向けて出発、約一時間四〇分で山頂（三九九八メートル）に着きました。山頂には二メートルの銅像があり、その頭頂がちょうど四〇〇〇メートルとのことです。山頂付近には高山植物が多く、ハクサンチドリに似たランやスミレなども咲いていました。高山性のクロバエもいます。

その日は雨がやまないので下山することにしました。途中で日本のショウマやコデマリに似た花にハナバエ科、イエバエ科のハエが多数たかっているのに出会いました。ハナバエ科のハエは、寒い地方に多く生息しています。高山性の種も多くて国内の高山帯からも多くの種が知られています。

台湾の高山帯は、三〇〇〇メートル級の山が並んでいて、景色は日本の山によく似ています。本当はこれらの山塊を調査したかったのですが、準備不足でもありあきらめました。それでも関子嶺から六亀に出る途中の横断道路では、高山植物が満開で、特に黄色のリンドウは印象的でした。この後、高雄《カオシュン》に出て高雄医学院の寄生虫学教室を訪問したのですが、そのときのこと、アフリカマイマイを生食して髄膜脳炎になった患者が七人入院したと耳にしました。その日の新聞には、日本人が健康にいいと薦めたと大々的な記事になっていました。原因はアフリカマイマイに寄生している広東住血線虫の幼虫によるものです。脳脊髄液から幼虫が見つかったとか。小笠原諸島のところでも触れましたが、国内からは患者はほとんど出ていません。

高山性のハエに南西諸島との違いが

次の訪問地は、フィリピン海峡に浮かぶ蘭興《ランユイ》です。一六人乗りの飛行機で台東から三〇分で到着しました。乾期のためか昆虫はほとんど見えません。腐肉にもオビキンバエが来るくらいです。渓流に入ったところ、蝶のコレクターには垂涎《すいぜん》の的であるコウトウキシタアゲハが何匹も飛んでいました。採集厳禁の種で、採集禁止の看板も出ているので捕るのはあきらめました。このときは、ハエもほとんど収穫なしでがっかりでした。ここからは、ゾウムシに固有種が知られているのでハエの固有種がいるかと期待していたのですが残念です。

台湾のハエ類については、一九一五年にドイツ人のスタイン（Stein）がザウター（Sauter）のコレクションとして多数の新種を含めた論文を発表しています。それ以後は、あまり研究報告がありません。このときの調査での報告が最も新しいものでしょう。ところで、中国のハエのモノグラフには台湾を自国に入れた記録があります。台湾と南西諸島は近いのですが、南西諸島には三〇〇〇メートルを越すような高山がありません。したがって、平地の熱帯性の種類には共通種が多いのですが、台湾の種は南西諸島のハエ相とはかなりかけ離れています。

上＝花の蜜を吸うトゲアシイエバエ、中＝黄色のリンドウ　台湾の高山帯は、日本の山によく似ている。雨に閉ざされて、ハエはあまり見られなかったが、高山植物が満開であった。

バシー海峡とくり船　台湾とルソン島のあいだの海峡を蘭興から望む。

西南アジア・アフリカ

ネパールとインド
―ヒマラヤ高地から熱帯まで―

届かない調査の許可証

ネパールでの最初の調査は、一九八九年にアンナプルナ山塊で行ないました。ネパールで学術調査をするには、あらかじめ三カ月以前に申請書を提出しなければなりません。しかし、許可証などの返事が来ることはほとんどありません。この年も、こちらの予定どおりに出発しました。カトマンズに到着後、トリブフバン大学にある事務所に日参して許可証をもらうのです。あらかじめ送っておいた書類は、事務官の机の上の山積みの書類の下から見つけ出し、ここから交渉が始まるのです。一週間くらい毎日通ってやっと許可が出ます。その間は、カトマンズ近郊のゴダバリ山（二七〇〇メートル）などに採集に出かけることもありました。山頂にはレーダー基地があり、道路はあるのですが、なにしろ雨で石が露出しています。

タクシーをチャーターして行くのですが、途中でみんなで車を押すこともあります。それでも、ここはとてもおもしろい昆虫がたくさん見られる絶好の採集地なのです。東京でいうと高尾山のようなところでしょうか。カトマンズのすぐ近くにあって昆虫相が豊富で、標高も二七〇〇メートルと手頃な高さで簡単に登れます。ここには口吻《こうふん》の長さが二センチもあるアブがいたのには驚きました。テングアゲハというめずらしい蝶も生息しているとか。

さて、トリブフバン大学の事務所から許可が出たら、いよいよ目的の調査地に出発です。メンバーは、上宮健吉さんと大学の後輩でショウジョウバエが専門のAさん、それに案内のトリブフバン大学で生物学を専攻しカの研究をしている女性でした。とりあえずタライ平原を経由してチトワンからポカラを目指しました。

ネパール国は、およそ五〇〇〇万年前にインド亜大陸がユーラシア大陸にぶつかって褶曲《しゅうきょく》してできたヒマラヤ山塊とインドとの国境地帯の海抜二〇〜三〇メートルの平原からなっています。カトマンズは、そのあいだにある標高一三〇〇メートルの盆地です。カトマンズの街の中は、道路が狭く小さな商店がずらりと並んでいます。もちろん果物や食料品もあり、店先の商品にはイエバエが真っ黒にたかっています。現地の人々はあまり気にしていないようですが、その数はすごいものです。フタスジイエバエは、ヒトによくたかります。特に子供の顔には何匹もたかっているのがわかります。

カトマンズとタライ平原のあいだには、標高約三〇〇〇メートルのマハバーラト山地があります。ここの山中で採集していたときでした。案内の女性が突然倒れたのです。どうもテンカンの発作のようでした。大急ぎで車に移して様子を見ていると平常に戻ったので一安心でした。その夜は、タライ平原の街へトウダに宿泊し、翌日大急ぎでチトワンのホテルに入りました。そこからカトマンズの大学に電話を入れて誰か代わりの人と交代してくれるように交渉しました。翌日来てくれたのがシンさん（Mr. Singh）というミツバチの専門家で、彼は、次回のエベレスト街道での調査にも協力してくれました。

チトワンの周囲でもあちこちと採集して歩いたのですが、雨期のために国立公園内には入れませんでした。公園の入り口の川が増水して渡れなかったからです。大河になっていて、ときにはガンジス河に生息する有名な淡水イルカもやってくるということです。上宮さんは、近所の農家の藁屋根でキモグリバエ科の中でヒトの眼にまとわりつくメマトイを採集しました。メマトイというのは、眼にまとわりつくという意味で、眼にくるのは、涙を舐めるためです。ヒトの眼にまとわりついたそのついでに、犬の眼虫を媒介したり、眼炎を起こしたりもします。メマトイというと、ショウジョウバエ科とヒゲブトコバエ科のハエが有名です。キモグリバエ科のメマトイは、北アメリカでは眼障害の原因となるので、医学昆虫学の教科書にも出ていますが、アジアにもいるとは驚きでした。

アンナプルナへの道でヤマビルと闘う

翌日、やっとの思いでポカラに到着、シェルパの親方サーダーとこれからのルートなどを打ち合わせてアンナプルナに向けて出発することができました。ところが、一難去ってまた一難、歩き始めて一〇分も経ったでしょうか。同行のAさんが呼吸困難で立ち止まってしまったのです。彼には、喘息の持病があるらしく登り坂はとても無理のようでした。その様子では行程を半分にしなければならなくなりそうです。翌日、彼をポカラに送り返そうかと考えていたところ、突然彼から「僕を最後まで連れていってください」と懇願されてしまいました。結局、仕方なく連れていくことにしたのですが、この調査旅行では、最高到達地点が標高三二〇〇メートルという富士山よりも低いところで終わってしまいました。

ヒマラヤの調査旅行では、荷物は自分で運ぶことはありません。サーダーのほかに、シェルパ二名、コック二名、食器運搬のポーター二名、荷物運びのポーター数名がわれわれの隊です。宿泊はほとんどテントですが、大雨が降ると山小屋泊まりになります。自分で持つのは、採集用のネットとカメラ、水筒くらいです。ほかの荷物は、ポーターが運んでくれます。その点では日本国内の登山よりもずっと楽です。昼食は、料理班が途中まで先まわりして作ってくれます。昼食の場所につくとレモンティーで迎えてくれますし、もちろん、朝食も夕食もまかなってくれるので、われわれは調査に専念できます。場合によっては、机と椅子それに大型のテントまで運んでくれます。このテントと机、椅子があったおかげで、夜、標本整理をするのにとても楽でした。

このときの調査は、雨期の七月に行ったので、山地では連日雨でした。乾期の一〇月頃は、天気はよくても昆虫類は少ないのです。しかし、時期が異なると出現する虫も違うので、別の班が一〇月に調査しました。乾期には常緑樹は別にして、ほとんどの葉が落葉し、雨も降らないので水も不足します。このような環境では昆虫も少なくなるものです。一方、雨期の調査で最も悩まされるのはヤマビルです。標高一〇〇〇メートルあたりから二五〇〇メートルくらいまでの地域には特に多く、道沿いの草や灌木の枝にたくさんぶら下がっています。少しでも接触するとあっという間に体にくっついています。知らないあいだに衣服の中に潜り込んできて吸血しているのですが、痛みもないので満腹するまで気がつきません。取りのぞくと出血が激しくなかなか止まりません。ヒル類は、ヒルジンという抗凝固酵素を分泌して血液の凝固を阻止するのです。何度も吸血されるとヒトの体には抗体ができるため反応が激しくなります。所属リンパ節が腫れる、吸血部位の腫脹などがあり、なかなか治癒しません。ネパールの山地では、エベレスト街道のような人が多い街道をのぞいては、トイレはほとんどありません。地元の人にトイレはどこかと聞くと、そのあたり全部という答えが返ってきます。ヒルの多い場所で用を足しているとまわりからどんどん集まってくるのには閉口します。大急ぎで場所を変えねばなりません。

エベレスト街道でハエを追う

翌年、一九九〇年の調査も雨期の七月から八月にかけて行ないました。メンバーは、加納六郎教授、倉橋弘、嶌洪さんと私の四名でした。もう一

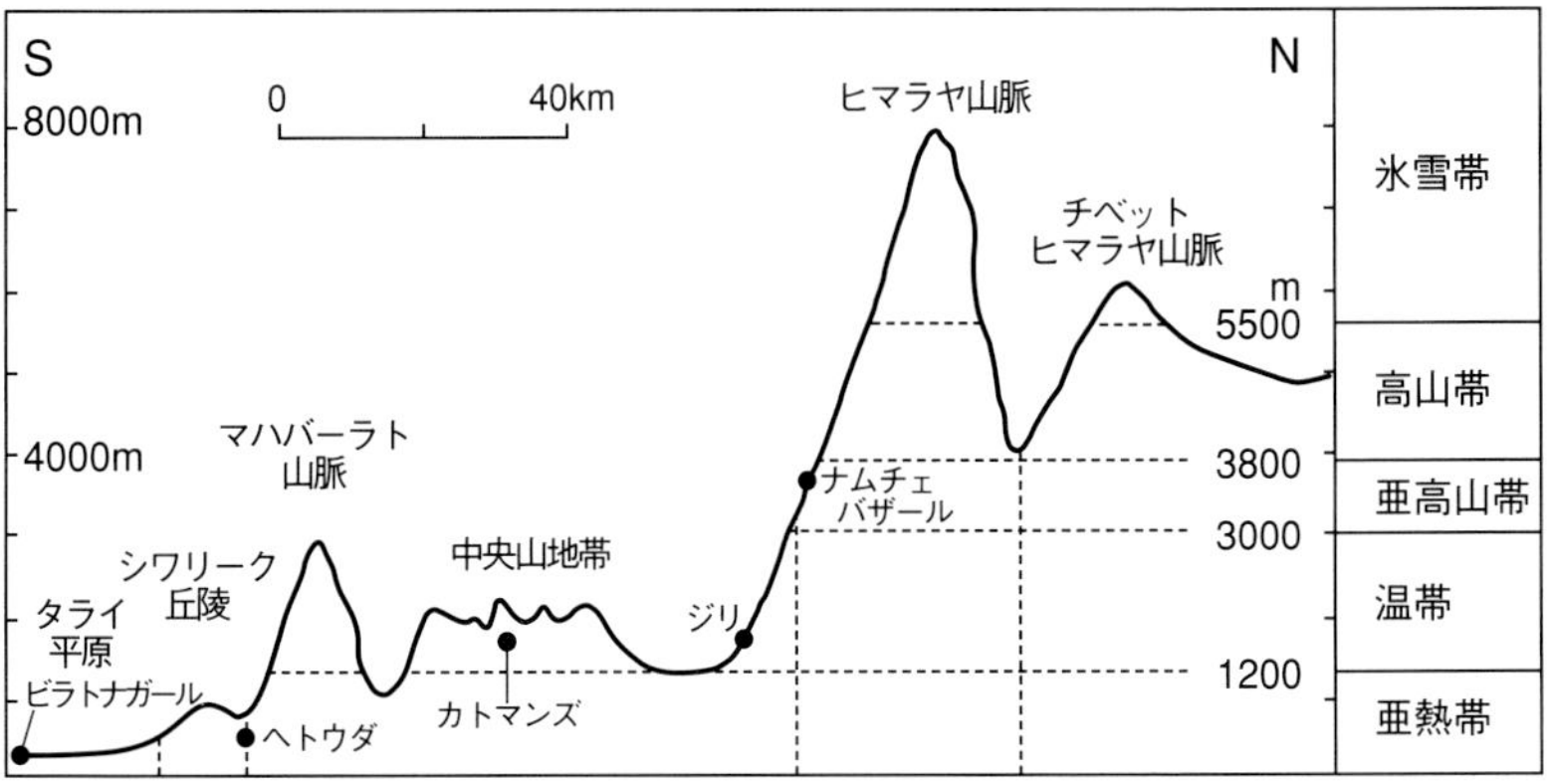

ネパールヒマラヤ地域の高度と気候区分

人、トリブフバン大学のシンさん（Mr. Singh）が来てくれました。そのときには、エベレスト街道沿いが目的地です。加納先生にはカトマンズ周辺の調査をお願いして、われわれは標高一三〇〇メートルのジリから歩くことにしました。普通は、航空機でルクラまで行くのですが、昆虫類の調査では自分の脚だけが頼りなのです。また麓から歩くとヒマラヤの全容がわかります。カトマンズから出発地のジリまではバスで一〇時間かかります。ジリに到着したら、早速村はずれのテント場でキャンプです。子供たちがたくさん集まってきてとてもにぎやかです。ハエを片手で捕る実演をしたらみんな驚いていました。中には自分でやってみる子もいますが、そう簡単には捕れません。

翌日からトレッキングの開始です。ルクラまでのルートは、何列にも連なるヒマラヤの尾根を横切って行くので、毎日一〇〇〇メートル登っては一〇〇〇メートル下るという行程の繰り返しでした。それでも少しずつ高度を上げて行きます。それにしても、せっかく三五〇〇メートルくらいまで登ったのに一気に一五〇〇メートルまで下ってキャンプをしなければならない日などは泣きたくなる思いでした。途中には、段々畑や水田が拡がっています。道幅は二メートルくらいありますが、石畳があったりしてなかなかよく整備されています。さすがヒマラヤのメインストリートです。ところどころに開発されていない森林も残っているのですが、樹木のほとんどは炊事用の薪になっています。このままでは、近い将来にはヒマラヤ山脈は禿げ山になるのではと心配になってきます。こういうことも考えて、われわれの炊事は石油コンロを準備しました。少しでも山の樹木を消費しないで済むからです。

途中、小さな部落を通過します。村人とは「ナマステ」と挨拶を交わして通り過ぎます。みんな着ている衣服も質素ですが、にっこりと微笑んで挨拶をしてくれます。道の側には、メンダンと呼ばれる経文を刻んだ石の壁が見られます。この石壁の右側を通るのが習わしとか。またところどころにゴンパがあり経文を書いたマニ車を廻している村人の姿も見られます。

ジリを出発して飛行場のあるルクラの南カルテまでは、直線距離にして約四〇キロあります。わずか四〇キロの距離なのに、山越え谷を渡り、途中で五泊しました。この間は、人口が少なくても農業を営んでいる人々がほとんどです。米作の可能なところでは、どこまでも斜面に作られた段々の水田となっています。アワやヒエも栽培されています。このような農業主体の環境では、昆虫相は豊富とはいえません。ハエの種類も少なく、人

ネパールのヤマビル　雨期の調査で最も悩まされる。気づかないうちに衣服の中に入り込んで血を吸うので、実に厄介だ。

の生活環境内に生息する種が多いようです。人糞から発生するフンバエ、ミドリイエバエの仲間や家畜の糞から発生するイエバエもいます。森の中で腐肉を置くとキンバエ類はもちろん、クキイエバエの仲間もわんさと集

エベレスト街道　段々畑・水田をぬうように、いくつもの尾根を横切って続く。

まってきます。植物に寄生するとされているクキイエバエの仲間が腐肉に集まってくるのはなぜかわかりません。毎日が歩きながらのネットでの採集です。採集したハエを殺虫管に入れて保存します。夜は、大型のテントと机、椅子を準備してもらい標本の整理をしました。この地域でもイエバエの飼育を試みました。もしかすると殺虫剤に触れていないイエバエがいるかと期待して、途中の部落の何カ所かで採集したのですが、飼育に失敗してテストはできませんでした。帰りにルクラの飛行場の側で採集したイエバエは、カトマンズの街のものとあまり変わりませんでした。

ルクラからの道はもう下ることはありません。途中で一泊してサガルマータ国立公園事務所に立ち寄り、トレッキング許可証と学術調査であることを示す許可証を提示して入山料を支払います。サガルマータとは、ネパールの言葉でエベレストのことです。ここから先は樹木の伐採も禁止されています。森林も残っていて昆虫の数も増えているように思えます。高度を上げていって気づくのは高山植物の美しさです。われわれは、標高四〇〇〇メートルくらいまでしか登っていませんが、それでもフウロソウ、ユリ、マムシグサ、ラン、バラなどの仲間がたくさん咲いています。秋に来るとリンドウの花は綺麗なのですが、花の種類は少なくなります。一九九〇年の調査では、最終地点はシェルパの村、ナムチェバザールでした。ナムチェバザールは標高約三五〇〇メートル、エベレスト登山の基地です。周囲を六〇〇〇メートル級の山々に囲まれ、遠くにはエベレスト山も見えるはずでしたが、雨期のためエベレストを望むことなく下山しました。その後、一〇月にも訪れましたが、そのときにはエベレスト山塊が目の前に望まれてすばらしい眺めでした。

九〇年の調査では、ナムチェバザールに数日滞在して採集しました。ここでは、高山性のイエバエが多く、そのうちの一新種は、ハッケットミア属*Huckettomyia*に属し、日本から新属新種として私が以前に報告した種と近縁の種でした。このように、ヒマラヤから日本にまで続く地域には、西部シナ系の昆虫類が多く知られていますが、本種もそのうちのひとつと考えられます。西部シナ系とは、中国の西南部を中心に分布する生物群で、ネパールから台湾を含めて東は日本の本州西部まで分布している生物群をいいます（篤、一九九七）。

帰途は、途中で一泊してルクラから飛行機でカトマンズに帰る予定にしていました。雨期ですのでルクラへの便がなかなか来ません。やっと爆音が聞こえ砂利道の滑走路に着陸、いざ搭乗というときにパイロットがコー

ミドリイエバエの一種　花の蜜を吸う*Neomyia claripennis*（ネパールにて）

ヒーを飲みに行ってしまいました。エンジンを止めないですぐに出発すればよかったのですが、あっという間に雲が広がり、飛行中止になってしまいました。そして、なんとそのまま三日間も足止めをくったのです。その間、飛行場から離れるわけにもいかず、採集にも出かけられず、いつ来るかわからない飛行機を滑走路の側で待つのみでした。

タライ平原—インド国境の平地—

ネパールといえばヒマラヤの高山のイメージが強いのですが、もうひとつわれわれの興味を惹きつける地域があります。それは、インドとの国境タライ平原です。インドと接した東西約四〇〇キロ、南北五〇キロの地域です。標高は約七五～二〇〇メートル、まさに熱帯です。ここでは、ヒマラヤと異なったインド大陸との共通種の東洋熱帯系の昆虫類が多く見られます。水牛や牛もたくさん飼われていて、動物の糞から発生するハエ類の種類も豊富です。植生はかなり単純でショレア*Shorea*という広葉樹がほとんどです。かなり伐採されていて原生林などではありません。原生林は、野生動物保護区に残っているのみです。この地域ではマラリア、アメーバ赤痢、リーシュマニア症などの感染症も流行しています。また、回虫、鉤《こう》

キャンプのテント　ネパールでの調査ではテントもポーターが運んでくれる。いちばん奥が研究室用。机や椅子も運んでもらい、野外調査には最高の環境になる。

虫《ちゅう》、鞭虫《べんちゅう》など寄生虫の感染率も高いようです。カトマンズに滞在していた日本人の医師が、「タライなどに行くのは命がけですよ」といっていましたが、人の住んでいるところに行くのですから命がけということはありません。

ネパールの田舎では、ほとんどトイレはありません。排便は外の適当な場所でします。ネパールに行ったときには、私は、いつも一五％ホルマリン水を五〇〇ミリリットルくらいのプラスチック容器に入れて用意しておき、現地人のウンコをピンセットで一カ所から少しだけ採取してきます。学生実習の試料用に集めてくるのですが、二〇～三〇人分を採取すれば、数年間は線虫類（回虫、鉤虫、鞭虫など）の寄生虫卵の実習に十分使えます。寄生虫感染のほとんどない日本国内では絶対に得ることのできない貴重な実習材料なのです。

このときの調査では、東の端のビルガンジーという大きな街まで行きました。インドとの国境の街です。国境といっても踏切の遮断機のようなのがあるのみで、地元の人々は自由に行き来しています。宿泊したホテルの窓にオオミツバチがたくさん群がっていました。標本もなかったので嬉しくなってたくさん採集したのですが、ひょっと窓の外を見ると大きな巣が

人糞にたかるミドリイエバエ　ネパールの田舎ではほとんどトイレがなく、用を足すときには、屋外で済ませる。

ありました。昆虫を専門としているからには、こんなことで驚いてはいけないのですが、オオミツバチはすごく獰猛なハチなので大急ぎで窓を閉めました。ミツバチの専門家のシンさんによると、オオミツバチは野外の岸壁や樹木の枝などに大きな一層の巣を作ります。働き蜂の数は何万匹にもなるとか。うっかり側に近づいたりすると、いきなり襲ってくるそうです。何キロも追っかけてきたという話もあります。

この一九九〇年の学術調査の成果は、九四年に学会誌『Japanese Journal of Sanitary Zoology（衛生動物学雑誌）』の補遺として全員の研究論文を掲載しました。総頁数三一六頁になりました。すべてを紹介できませんが、倉橋先生はクロバエ科をまとめ、一〇新種、四一ネパール新記録種を含めて七二種を記録しています。そのうちの二六%がネパールの固有種でした。加納先生によるニクバエ科では、四〇種のうち、一新種と八未記録種が含まれています。私は、イエバエ科のうち三亜科をまとめ、二三属、一一二種を記録しました。そのうちの二六種が新種、五二種が新記録種でした。ここで研究したイエバエ科の標本には、九州大学の学術調査隊のコレクションも含まれています。

インド

―イエバエの里―

インドでは、アラハバード大学の生物学研究室のカウル教授とテワリ講師が共同研究者として参加してくれました。二人ともニクバエを使って染色体の研究をしていたのですが、カウル先生が、アメリカでの学会に行く途中に当時ニクバエ科の研究をしていた加納教授を訪ねてきたのがきっかけで共同研究をするようになったのです。二年後、当時は助手であったテワリさんが文部省留学生としてわれわれの研究室にやってきました。彼は、一年間の日本での生活を満喫して帰国しました。

インド亜大陸は、約五〇〇〇万年前にゴンドワナ大陸から離れて、ユーラシア大陸にぶつかったとされています。そのときに褶曲《しゅうきょく》して生成したのがヒマラヤ山脈です。したがって、動物相の一部は、アフリカやマダガス

アラハバード大学　インド北部の都市にあり、ガンジーやネール首相を輩出した名門大学。

カルと類似しているものもあります。ただ、実際に調べてみるとハエ相はそれほど類似しているとは思えませんでした。インドのハエについては、イギリスのシニアー-ホワイト（Senior-White, R. :1940）が、クロバエ科、ニクバエ科を一冊にまとめています。これには、インドとその近隣の国のハエも含まれ、日本のツシマニクバエまで、記録されています。最近では、ニクバエ科について、インドのナンディ（Nandi, :2002）が大著をまとめています。イエバエ科は、同じくイギリスのエムデン（Emden, F. :1965）により、おもな属が記録されています。これにも、多数の新種がビルマ（ミャンマー）の山地から記載されています。

最初にインドを訪れたのは一九九四年、ネパールの調査の後でした。カトマンズから聖地で有名なインダス河中流のベナレスへ飛び、そこからタクシーで二〇〇キロ先のアラハバードに到着しました。アラハバード大学は、有名なガンジーやネール首相などを輩出したインドの名門大学です。それにしても古い大学です。研究設備などは整っているとは思えませんでした。スタッフは、女性のカウル教授ほか講師の先生も女性です。当時の助手はテワリさんのみです。テワリさんは、一九七九年から一年間、学術振興会の留学生としてわれわれの研究室に滞在し、ニクバエの染色体を研

アラハバード大学のスタッフ　不思議なことに、生物学者には女性が多い（右端から、著者、テワリさん、カウル教授。左端は倉橋さん）。

究していました。当時、カウル先生の研究室には彼のほかに大学院生が多数いましたが、ほとんどが女性でした。フィリピンやタイでもそうでしたが、なぜか女性の生物学者がとても多いのです。このとき、今後二年間の共同研究の打ち合わせをして帰国しました。

ベンガル湾沿いの地域にて

翌年の一九九五年九月、モンスーンが明ける頃をねらってまずカルカッタを経由して、最初の調査地であるオリッサ州のブハネシュワルに到着しました。この地の出身のカウル先生の研究室の大学院生が出迎えてくれ、案内もしてくれることになっていました。ここは、カルカッタの南東約三〇〇キロ、古いヒンズー教の寺院なども残っている観光地ですが、その周辺にはトラもいるというシミリパル・タイガー・リザーヴ（Similipal Tiger Reserve）国立公園もあります。われわれの調査の目的地は、その原生林でした。しかしながら、訪れたときは、雨期が終わった直後だったため、車で入ることも不可能な状態でした。仕方なく、村落の周辺や海岸での調査に切り替えました。海岸は、ベンガル湾に面したプリ周辺の砂浜で、海岸性の双翅類昆虫が多数得られたのは収穫でした。

オリッサ州の調査はあきらめて、一度カルカッタに戻り、飛行機でマドラスに行きました。このフライトの途中でのこと、突然に機長から機体の故障で高速で着陸するが心配しないでというアナウンスがありました。高速で着陸するといわれても、こちらの命は機長にお任せです。なんとか滑走路の端っこでストップしてマドラスに到着したのですが、乗客のインド人たちは、途中からお祈りを始めていました。到着するといっせいに拍手が起こったのです。

マドラスは、歴史的にも有名な貿易港であり、現在でも活気のある街です。ここを、南インドの各地での調査の起点としました。南インドのカルナタカ州やタルミナード州には、いくつかの動物保護区があります。これらの地域での昆虫調査などは簡単には許可されないのですが、テワリさんの同級生がインド政府の文部省に勤務していて、彼を通じて採集許可証と標本の持ち出し許可を取ってあったので、すべての手続きがスムーズにできました。このときのように相手国の要職に知人がいるとすべてがうまく運ぶことを痛感します。

最初に訪れたのは、バンヂディブル野生動物保護区でした。ここの宿泊設備はあまりよくありません。茶店のような場所で寝袋で過ごしました。

ムドウマライ野生動物保護区　政府の許可証のおかげで、快適な調査ができた。

野牛や野生の象が見られるとのことでしたが、そのときは何もいませんでした。雨期明けで保護区の奥まで行けなかったせいでしょうか。

次に訪れたのは、ムドウマライ野生動物保護区です。ここでもインド政府の許可証があったおかげで快適な調査ができました。この保護区は、宿泊設備も整っていて、レンジャーがジープで案内してくれました。事務所のまわりにはたくさんの猿がいたり、飼育している象もいます。保護区に入ると、野生の象もいました。竹や小さな灌木をバリバリと鼻で倒して食べています。アフリカゾウのような草原の象と異なり、インドゾウは森林の象です。近づくのはとても危険だそうです。同じ象ですが、飼育している象も混生していて、飼育象にはベルが付けてあり、野生の象と区別できるようになっています。タイ国でも採集したのですが、象の糞から発生するハエには特殊な種がいます。イエバエの仲間で、幼虫が糞食性の種です。個体数が少なくてまだ詳しくは調べていませんが、おそらく象の糞から発生する新種でしょう。ほかの草食動物の糞から発生するハエとは違っていました。ここでも、何種かの新種と思われるハエが採集されました。

保護区で見られる野生動物の中で最も印象的だったのは、ガウルという野牛の群でした。雄の盛りあがった筋肉、大きな角、群を統率している行

野生のインドゾウ　野生の象は、危険で近づけない。糞から採集したハエは、ほかの野生動物から発生するものとは明らかに違っていた（ムドゥマライ野生動物保護区にて）

動などが今でも目に浮かびます。ガウルの糞からもハエを採集したかったのですが、非常に危険だからということでレンジャーから制止されました。とても残念でしたが仕方ありません。南インドのマイソール、バンガロール、コインバトールなどの地名は、ロンドンの大英自然史博物館の標本の中でよく見ていましたので、なんだかはじめて来た土地のようには思えませんでした。標本は植民地時代のものでかなり傷んでいるものもあったので、自分自身で新鮮な標本を得たときにはとても感激したものです。

ハエとサリーとマーケット

翌一九九六年のインドの調査は、イエバエの野外殺虫試験をテーマにしました。メンバーは、私と千葉県衛生研究所の林晃史博士、静岡大学の廿日出正美教授の三人でした。インドを訪れるのははじめてという二人のために、ニューデリーからアラハバードまで陸路で行くことにしました。距離は約八〇〇キロですが、その国を見るには、やはり航空機からよりも陸路が印象に残ります。ニューデリーを出発して幹線道路を一路東南に向かいました。幹線道路といってもでこぼこの道です。高速で飛ばすわけにはいきません。単調なマンゴーの街路樹のあいだを行きます。昼食は途中の

オオミツバチの巣　巣に溜まる蜂蜜は美味しいが、このハチは非常に獰猛で、おいそれとは近づけない。

ガウルの雄　背中に盛り上がった筋肉を持ち、角も一段と大きい。非常に危険で、糞からのハエの採取もできなかった（ムドゥマライ野生動物保護区にて）。

国立公園の中に暮らす子供たち

現地の食堂で摂りました。ビールを頼んで飲もうとしたら、いきなりイエバエが二、三匹ビールに飛び込んだのです。取り出すのもめんどうなので飲み込んでからプッと吐き出しました。最近、新聞を読んでいたら、椎名誠さんが、オーストラリアでの体験で同じことを書いていたので思わず笑ってしまいました。ただし、オーストラリアのは、イエバエでなく前述のフタスジイエバエの近縁種です。食事は、バナナの葉の食器に飯を盛って、それにカレーをかけて手で食べます。高級なレストランでは、スプーンとフォークで食べます。途中のラクノウで一泊して二日目にアラハバードに到着しました。この旅では、残念ながら時間の関係で、途中での採集はできませんでした。

前年に訪れたときに考えついたのですが、ふつう殺虫試験に供試するのは累代飼育したハエですが、インドなどのマーケットにわんさと群がっているイエバエ（日本のと同種）を用いた殺虫試験でも結果はそんなに違わないのではないかと思ったので、所定の濃度に稀釈した何種かの殺虫剤をしみこませた濾紙とプラスチック・シャーレを大量に持って行き接触試験を行なうことにしました。試験をするのは、殺虫剤が専門の林晃史、廿日出正美両先生です。研究助手のテワリ先生夫人や女子大学院生も参加しま

＊累代飼育　一コロニーまたは一ペアから得られた子孫を代々継続して飼育すること。

上・中＝マーケットでのハエの採集　身分の高い女性が、ハエを捕っているのであるから、ものめずらしさと好奇心も手伝って、あっという間に人だかりができてしまった。

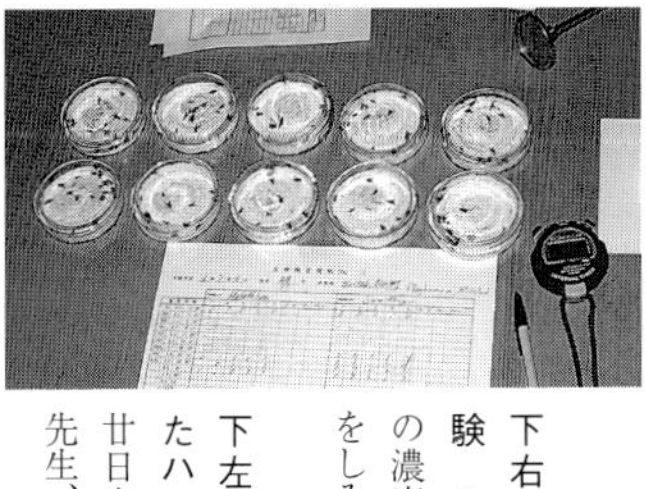

下右＝殺虫剤の接触試験　シャーレの中は所定の濃度に稀釈した殺虫剤をしみこませた濾紙。

下左＝ノックダウンしたハエを数える（右から、廿日出正美先生、林晃史先生、テワリ夫人）

した。供試するイエバエは近くのマーケットで採集してきました。最初に私が採集方法をデモンストレーションして、彼女たちにも採集するようにネットを手渡したのですが、なにしろ身分制度の厳しい国ですから、最初のうちは、マーケットでハエを集めるなどとんでもないということでした。大学に行ける彼女たちは身分が違うようです。しかし、われわれが採集しているのに断るわけにはいかないらしく、仕方なしに採集を始めました。マーケットのゴミ置き場でサリーを着た妙齢の女性が袖を揺らしながらイエバエの採集をしているのですから、見物人も大勢です。それにしてもなかなか優雅なものでした。振り袖を着てハエを捕っているようなものです。

採集したイエバエは、携帯用のケージに入れて砂糖水を与えて一日飼育します。そこで元気な個体を殺虫試験に供試しました。その結果は、これまでに行なっていた累代飼育して日齢を揃えたものとの差はありませんでした。この結果は、前述の学会誌に発表してあります。

ナンガバルバット　遠方に白く雪をかぶり、雄大な姿を見せている。

パキスタン
―放牧地とハエ―

駆け足の調査行

パキスタンへは、一九八七、八八年の夏休み中に計二回、富山医科薬科大学の上村清博士の研究費で参加させてもらいました。彼はカの研究者で、採集方法もわれわれハエの研究者とはかなり違い、最初のうちは面食らったことも多々ありました。カの場合には幼虫の採集が主なので、ハエ採集には最適の環境のところでも水のないところへは行ってくれません。しかも、同じ場所に二、三日滞在することもありません。いつも水域を探して車を走らせていました。隊員は、倉橋弘さん（ハエ）、斎藤一三さん（ブユ）、上宮健吉さん（キモグリバエ）、稲岡徹さん（アブ）、岩佐光啓さん（ツヤホソバエ）、林利彦さん（ハヤトビバエ）など多士済々です。私は講義などもあり早く帰国しなければならなかったので、調査した地域は二度とも首都のイスラマバードよりも北部の地域でした。南部やアフガニスタン国境地域にも調査に行きたかったのですが、この頃は、講義や実習が重なっていて長期の学術調査には参加できず、残念ながらこれらの地域には行けませんでした。それにしても上村隊は、よく調査したものです。アフガニスタン戦争後の現在では、とても調査など不可能でしょう。パキスタンの南部は、乾燥地帯ですのでハエ相は貧弱です。北部には、八〇〇〇メートル級の山もあり、旧北区系のハエも入ってきていますが、ハエ類については、まだ十分に調査されていません。

パキスタンで最初に訪れたのはナチアガリという国立公園でした。イスラマバードから北に約四〇キロのマリーという街から入ります。標高約二五〇〇メートル、植民地時代の避暑地だったのでしょうか、古いホテルがあり周辺は針葉樹の大木に被われていました。ホテルの庭の花には、オオクジャクアゲハ、フトオアゲハやミヤマモンキチョウなども飛んできます。森林があるのに渓流にはほとんど水がありません。伏流水になっているのです。それでも、ホテルの近くの遊歩道沿いで、わずかな水の流れる渓流を見つけてミズギワイエバエやカトリバエの仲間を採集することができました。

パキスタンで気づいたのですが、どこへ行っても樹林の中に下草は生えていないのです。生えているのは家畜の食べない毒草と刺《とげ》のあるアザミのような草のみです。アザミといっても日本のアザミとは異なり、その刺は二センチもあります。とても家畜の食料になりそうにありません。家畜のほとんどは山羊と羊です。牛も飼育されていますが、牛を放牧するには広大な牧場が必要です。しかし、山羊や羊はどんな岩場でも平気で過ごせるし、牛と違って短い草でも食べることができます。そのせいで下草がほとんどなくなるのです。山羊の糞は硬くてころころしていてハエもあまり発生しません。それよりも人糞の方がいろいろなハエが発生します。しかも標高が違うと発生する種が異なっています。

鋭い刺のあるアザミの一種　家畜が食べないので、ほかの草が生えていないところにも生き残っている。

氷河末端の村で

ナチアガリに二日だけ滞在して、今度はマンセラという街に下り、約一〇〇キロ先のナランという小さな村に到着しました。ここは、標高も高く、約三〇〇〇メートルです。氷河の末端が村の中にもありました。村のはずれから七～八〇〇メートル登ったところに草原があり牧場となっていまし

砂糖に群がるイエバエ（パキスタンの茶店にて）

中＝山羊の放牧地　下草は食べ尽くされて、毒草や刺のあるものなど家畜の食べられない植物しか残っていない。

下＝牛が食べない草　毒があるのだろうか、食べ残されて繁茂している。

上＝ナラン村　標高三〇〇〇メートルの高地にある村。村のはずれを登ったところに草原があり、牧場となっていた。

下＝氷河湖　氷河の末端にできた湖。目の前に雪をかぶった高山がそびえ、すばらしい景色が拡がる。観光地になっていて、湖畔をポニーで巡る人々がいた。

た。目の前に雪をかぶった高山がそびえ、氷河の末端に湖があります。すばらしい景色です。観光地になっていて、湖畔をポニーで巡っている人たちもいます。草原には、大型のゴミムシダマシがいたり、あまり見たことのないベニシジミの仲間やミヤマモンキチョウがたくさん飛んでいました。しかしハエは少なく、ハナレメイエバエの仲間が何種か捕れたのみでした。湖から少し下ったところに森が広がっていて、トゲアシメマトイの一種が群飛しているのに出会いました。トゲアシメマトイというのは、イエバエ科の一属でヒドロテア *Hydrotaea* という属のハエをいいます。雄の前脚に大きな棘があるのが特徴で、雌は牛やヒトにたかって涙や傷口からの浸出液を舐める性質があります。高いところなので、なかなか採集できなかったのですが、このハエを後に新種として報告しました。

キルギットからフンザへ

次に訪れたのは、インダス河沿いに北に登ったギルギットでした。途中のチラスという街あたりからナンガバルバット（八四〇〇メートル）が見えてきます。しかし植物も少なくなり砂漠のようでした。パキスタン北部のいわゆるシルク・ロードを旅行していても森林などまったく見られませ

標本の整理　どんなに疲れていても、野外調査では欠かせない毎夜の仕事。

ん。ギルギットの周辺も、生えている樹木は低くピラカンサのようなものばかりです。乾燥しているのでしょう。家畜の食べない刺のある植物がほとんどです。ただ、どこへ行ってもアプリコットが栽培されていました。ところが、メイン・ロードをはずれてジープで横道を行くと、突然緑のオアシスのような森林が見えてきます。このような場所は地元の専門家でなくてはわかりません。このときの案内はパキスタン国立博物館のアフザルさんでした。一日を費やして、ギルギットから北西に約二十数キロ入ったところのナルタンという避暑地に案内してくれました。ここには、山小屋もあり自家発電でしょうか、電気も供給されていました。針葉樹の森林で、樹間にはヒメイエバエやトゲアシメマトイ属のハエが群飛していました。全体が牧場なので、下草はほとんど生えていません。こんなところにせめて数日間でも滞在して調査すればかなりの成果が上がるだろうと思ったのですが、ここで調査できたのは数時間だけでした。しかし、このときに採集したヒメイエバエは、後に神戸市環境保健研究所の西田和美さんにより新種として報告されました。ヒメイエバエは、国内では鶏舎や豚舎などで、室内の空間を滞飛（ホバリング）しているのを見かけます。また、公園のトイレの周辺などで春先に樹下でも見られます。これらは人の生活環境に

樹下にしかけた倉橋式ハエ・トラップ

パキスタンのナルタン村のあたり　キルギットの北西にある避暑地。緑が美しい。ハエの群飛も見られた。

ウルター氷河　長寿の里として知られるフンザで泊まったホテルは、この氷河のすぐ下にあった。

生息する種がほとんどで、自然環境下では、その何百倍もの種が生息しています。同じ仲間が世界中にたくさんいるのです。

ギルギットから北の地域は、インドとの紛争の絶えないカシミール地域です。ギルギットを出発してインダス河沿いに上り、約三時間で長寿の里として知られているフンザに到着しました。ホテルは、ウルター氷河のすぐ下で、背後には七〇〇〇メートルの山がそびえています。古城があり、坂道ばかりの道路沿いに家があり、どこにも綺麗な水が流れています。一日を費やして氷河の先端まで一人で採集に行きました。朝九時に出発して氷河に到着したのは一二時でした。氷河の絶壁を見上げると、そのすごさに圧倒されます。氷河の周囲でミズギワイエバエなど何種かのイエバエ類を採集したのですが、今でもどの属の定義にもあてはまらず、属の決まらない種もあります。ハエ類の分類の基準は、科によっても違いますが、おもに翅脈《しみゃく》の形態、剛毛の配列、そして最後に決め手となるのは雄の外部生殖器の形態です。ウルター氷河の先端で採集した所属不明のハエは、ヨーロッパなど旧北区系でも、東洋区系でもないのです。どうもヒマラヤ山系の固有種ではないかと思っています。パキスタンやネパールのヒマラヤ山系のハエ相には、ヨーロッパにまで分布を拡げたと考えられる種や、その

中国とパキスタンの国境地帯　中国の兵士たちと記念撮影。少しだけ中国側に入らせてもらった。

逆の場合もあります。世界中どこにでも生息しているイエバエは、ヒマラヤ起源とされています。その理由は、複眼のあいだが狭い、腹部の色彩の黄色が強いなどの特徴が原始的なものであり、ヨーロッパなど北の方に分布を拡げたものは、複眼間が広く、腹部の色彩は黒っぽくなっているからです。逆に、東洋熱帯の平地のイエバエは、ヒマラヤの個体よりもより複眼の幅が狭く、腹部はより黄色が強いのです。

中国との国境地帯で

このときの調査では、フンザで二泊したのみ、そこから約四〇キロ北のグルミットという街で一泊して翌日は一気に中国との国境クンジェラブ峠に行きました。この地域は、標高四九〇〇メートル、国立公園となっています。ドライバーや隊員の多くが軽い高山病にかかり、頭痛を訴えていました。私は平気でしたので試しに五〇メートルばかり走ってみました。さすがにきつくてしばらく車の中で休息せざるをえませんでした。国境には中国の兵士がいて検問していましたが、ちょっと中国側にも入れてもらって採集しました。頂上は草原で、高山植物が咲き誇り、ヤクが放牧されていて、まわりにはゴールデン・マーモットが巣穴から顔を出してチョロチ

アカボシウスバシロチョウの一種

ヨロしています。水たまりがあり、蚊の幼虫や水際に生息するミズギワイエバエもいました。草原では、ハナバエ科、ヤドリバエ科、イエバエ科などのほかにニクバエも一種捕れました。このハエは、サルコファガ・ゴロコヴィ *Sarcophaga gorodkovi* という種で、モンゴルから記録されているハエでした。もう一種が翌年一九八八年に同じ場所で採集されています。このニクバエは、サルコファガ・アルティツディニス *Sarcophaga altitudinis* というロシアとの共通種です。どちらも黒色で体は剛毛に被われています。このあたりまで来ると、崑崙《コンロン》山脈あたりの種との共通種も出てくるようです。中国国境地帯クンジェラブ峠はせっかく来たのですが、一時間後に雪になり下山せざるをえなくなりました。ドライバーの頭痛も心配でしたが、下山するとけろっとしていました。

ブユの谷

クンジェラブ峠からは、ガンジス河沿いにチラスという村まで下りました。チラスは真っ白な砂地で、噂によるとブユの多いところだそうです。早速、街の東の谷の部落に行ってみました。渓流があり、ブユの生息地としてはなかなかよさそうです。ブユはわが国では、ブト、ブヨなどと呼ば

上＝中国とパキスタンの国境　クンジェラブ峠は、標高四九〇〇メートルにあり、国立公園になっていた。

下＝クンジェラブ峠の頂上に拡がる草原　ヤクの群が放牧されていた。

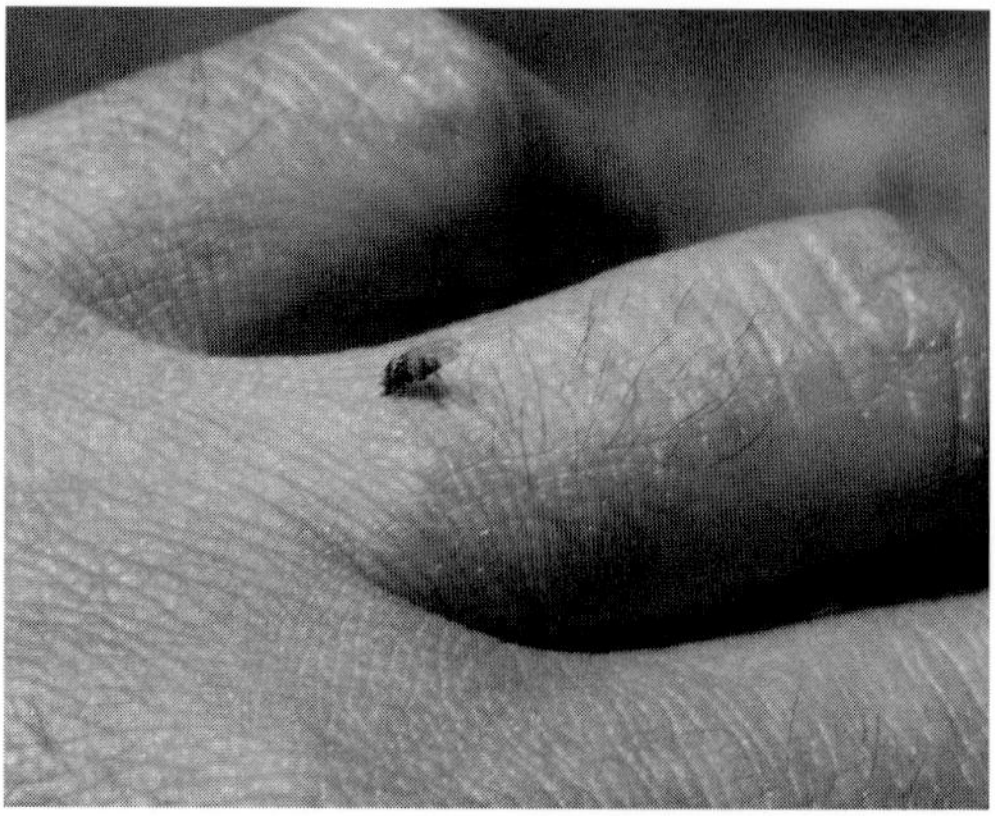

吸血中のブユ　ブユはブヨ、ブトなどとも呼ばれている吸血性の昆虫。

れている吸血昆虫で、幼虫は水生です。チラスでも渓流に下りるとすぐにブユが刺しに来ました。背中が金色の綺麗な種です。われわれが採集しているのを見つけて子供たちがやってきましたが、集まった子供たちの足を見るとどの子もブユに刺されて掻いたあとがあります。中には、ブユ刺傷の見本のような内出血の跡が点々としている人もいました。チラスから三〇キロ東にバブサ峠という四一〇〇メートルの峠があります。ジープで約三時間、時速一〇キロくらいしか出ません。麓のバブサ村は、牧場で草原となっていました。ここも家畜の食べない草のみが茂っていますし、草原で植生が単純なためハエはあまり捕れなかったのですが、アカボシウスバシロチョウの一種が捕れたのは収穫でした。

チラスから下って、カラム、ディールなどの街の近くで採集したのですが、どこも乾燥地で収穫はあまりありませんでした。カラムから一〇キロ奥のウシュという村には、高山植物が咲き乱れ、ヤドリバエが多数採集できました。翌年も同じ場所に行きましたが、そのときは、政府の権限の及ばない危険地帯で、案内人がいないと入れないということで銃を持った案内人がつきました。村から一キロ先に氷河があり、ジープも先に進めません。ヤドリバエが多く、イエバエ科のハエは少しいただけでした。この年

銃を持った案内人 政府の権限が及ばない危険地帯での調査では、こんな経験もしなければならない。

は、インダス河沿いにギルギットまで行く予定でしたが、大雨のため途中で土砂崩れが起こり通行止めになってしまいました。仕方なく途中の農家の納屋に泊めてもらうことになったのです。その夜のことです。みんなが寝袋に入って寝ていると、放し飼いのニワトリが続々と納屋に帰ってきたのです。ところが、いつもの自分たちの場所に変な人間が寝ていたものですから、ニワトリたちは大騒ぎとなってしまいました。それでもニワトリたちもなんとか落ち着いてくれて、ようやく朝を迎えました。ニワトリといっしょに寝たのははじめてです。翌晩は、ホテルに泊りました。しかし、ホテルといっても納屋より安全というわけではないところもあり、こんなときのために殺虫剤も用意していましたので、ベッドのまわりに散布して寝たのですが、ネッタイトコジラミに顔を刺され、眼のまわりがすごく腫れあがってしまいました。

調査の方は、この年は特に収穫がなく、南部の乾燥地へ調査に出かける隊員と別れて帰国しました。イスラマバードからの帰途、機中から見たヒマラヤの氷河や世界第二の高峰K2の眺めはとても印象的でした。われわれ日本人は、インド、ネパール、パキスタンという、西南アジアの国々をひとつのように考える傾向にありますが、そこに生息している昆虫類には、かなりの違いが見られます。インドには、雪を抱く高山は少なく、ハエの多くは東洋区系のものです。ネパールは、中国やビルマのハエ相との関連が深く、パキスタンには、旧北区系のハエが入り込んでいます。しかし、ハエ類について、このような比較を試みるには、もっと詳しく調査研究をする必要があります。

ナイジェリア

―ツェツェバエの国―

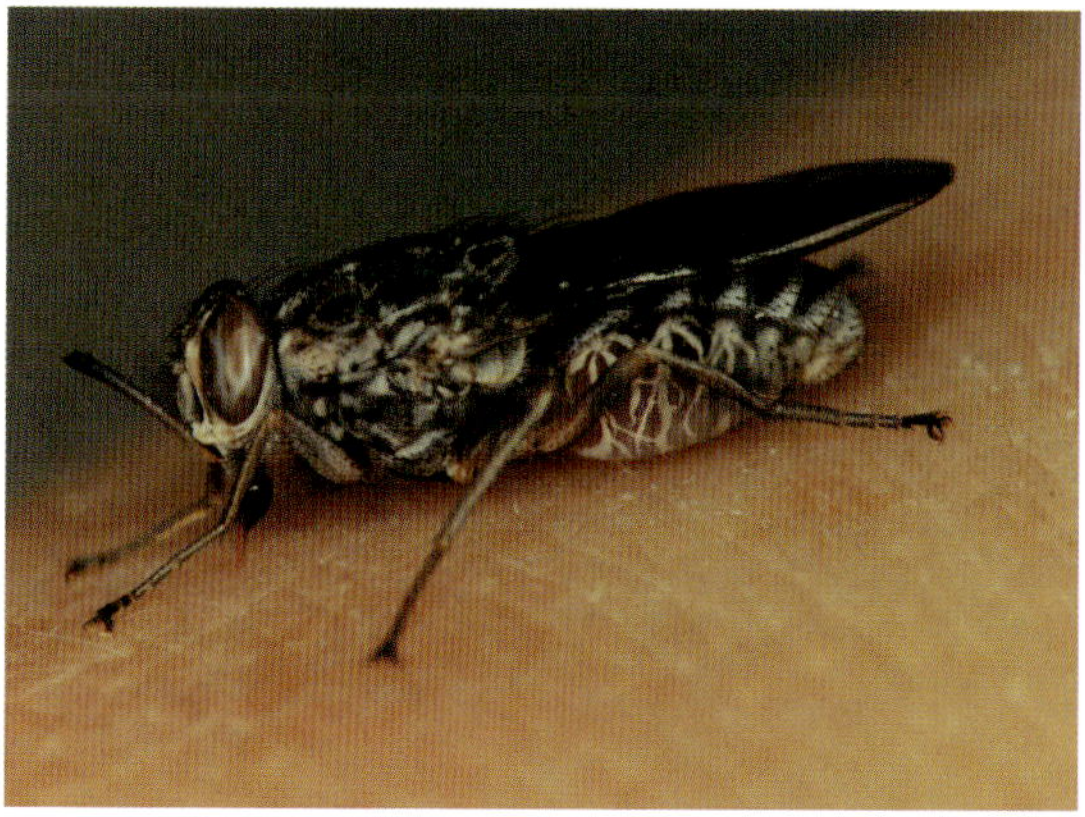

吸血中のツェツェバエ *Glossina tachinoides* 腹部が血液で膨れ気管が見えている。

イフェ大学へ

ナイジェリアには、一九七七年から一年間滞在しました。場所は首都のラゴスから約二五〇キロ北西のイフェという街です。ここに新しい大学、イフェ大学が開設され、ＪＡＩＣＡ（国際協力事業団）からの派遣で医学部の寄生虫学講座のスタッフを養成するのが任務でした。東京医科歯科大学が受け持って、生理学、微生物学と寄生虫学のスタッフを指導しました。五年間のプロジェクトで、私は最終の五年目に派遣されたのでした。前任の四人は内部寄生虫の専門家でしたが、私は衛生昆虫学が専門ですので、アフリカに関係した専門書をトランク一杯に詰めて供与器具といっしょに発送してもらいました。ところが、供与器具が到着したのは赴任してから

イフェ大学のキャンパス　ここの大学には、医学部の寄生虫学講座のスタッフを養成するために一九七七年から一年間滞在した。

半年後で、しかも私の専門書が到着していません。トランクに詰めた本は、結局、滞在中には受け取ることができず、帰国してから保険の請求をＪＡＩＣＡの担当者（Ｎ氏）に要請したところ、紛失から三カ月以上経っているから保険の適用は駄目ですよ、と一蹴されてしまいました。苦労して海外の本屋から購入した本をなんと思っているのでしょうか。この無責任さには本当に腹が立ちます。研究者がどれだけ本を大切にしているかわからない人には、いくら説明しても無駄でした。その後、ふたたび購入できるものは入手しましたが、何冊かはもう手に入りませんでした。

はじめて見るハエに興奮の日々

イフェ大学のキャンパスは、周囲約四〇キロあり、その中に標高一五〇メートルくらいの丘が三つあります。麓は、遠くから見ると熱帯雨林のようですが、実はコーヒーとカカオのプランテーションです。つまりコーヒーやカカオに直射日光が当たらないように疎林にしてあるのです。キャンパスの中にも小さな森がいくつかあり、天気のいい日にはあちこちと巡って過ごしました。ハエや蝶もはじめて見る種ばかりです。幼虫がヒトや温血動物に真正寄生するヒトクイバエやローダインコブバエもいました。こ

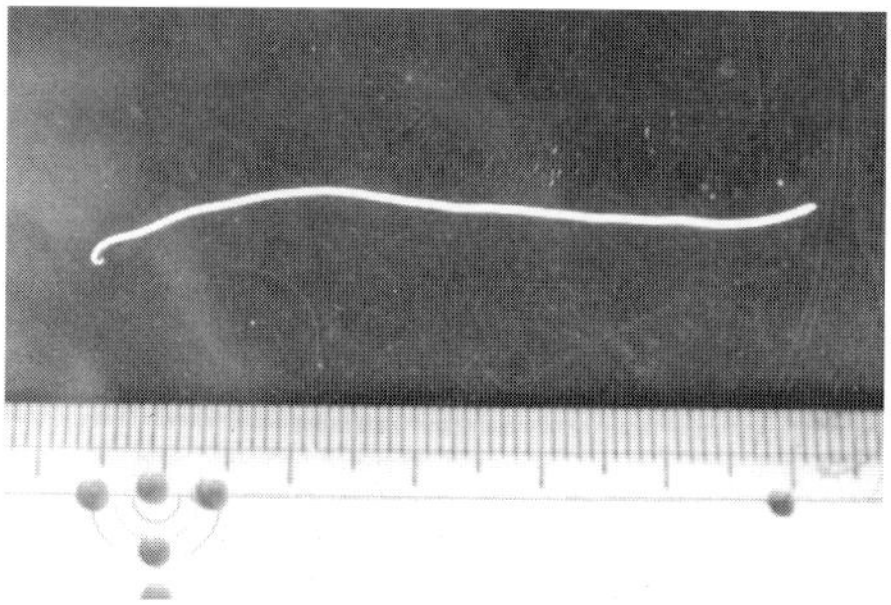

上右＝ロア糸状虫媒介アブ *Chrysops silaceus* キンメアブの一種で、イフェ大学のキャンパスにも生息していた。

上左＝ロア糸状虫の成虫　日本人の眼から摘出した標本である。

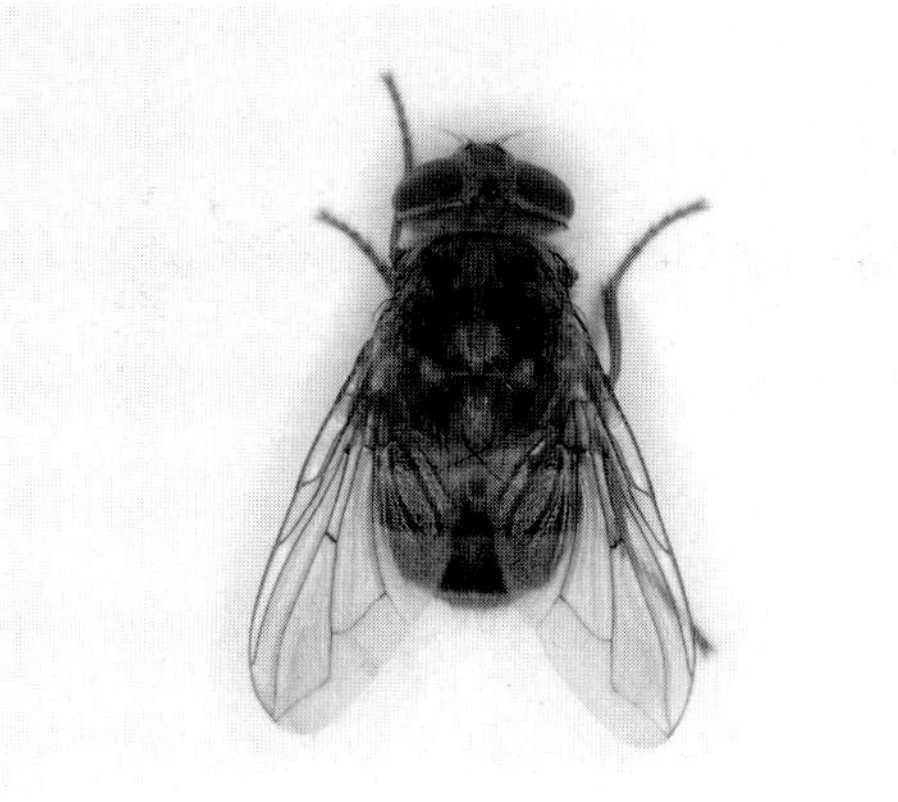

中＝ヒトクイバエの成虫 *Cordylobia anthropophaga*（角坂原図）　この幼虫がヒトや温血動物に真正寄生する。

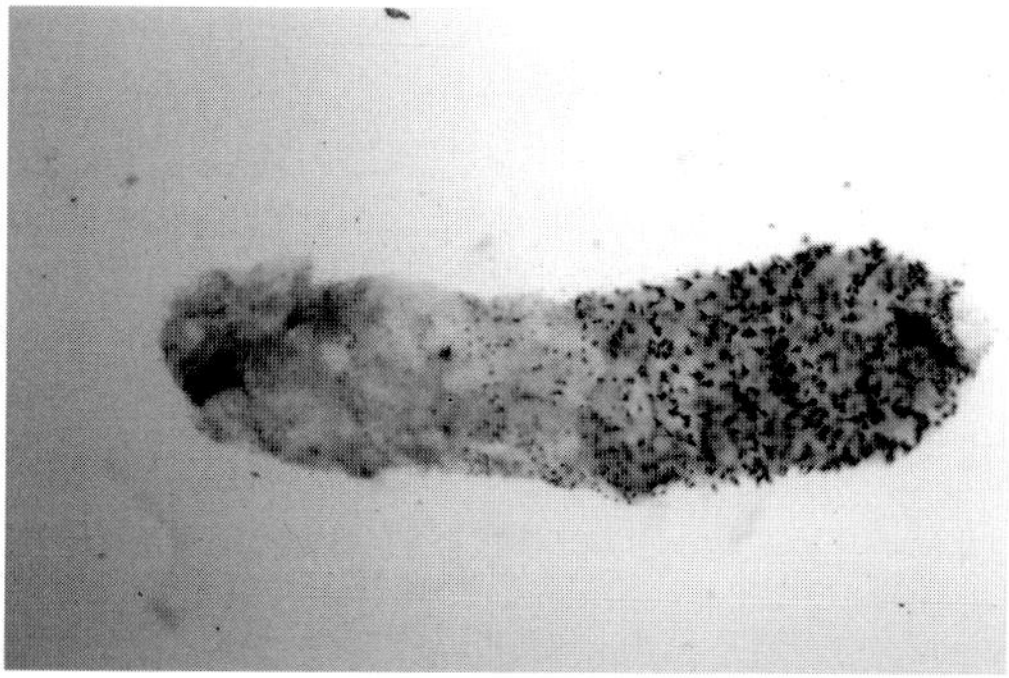

下＝ローダインコブバエ *Cordylobia rohdaini* **三齢幼虫**

助けたカメレオン　ナイジェリアに滞在中、自宅で飼っていた。

れらのハエは、糞尿などで汚染された地面や汗をかいたシャツなどに産卵します。孵化《ふか》した幼虫は、ヒトや動物に接触すると、素早く皮膚に潜り込み、生きた組織を食べて三齢にまで育ち、地上に落ちて蛹化《ようか》します。

キャンパスの中では、腐肉採集をしたり、ヤシの花の茎から集めたヤシ酒の原料の蜜にたかるハエを採集したり、毎日が忙しくなりました。研究室の近くの森で腐肉採集をするとオビキンバエ *Chrysomya chloropyga* がわんさと集まってきます。蝶のうちでも、なかなか捕れない赤や緑色のカラクサス属 *Caraxes* のタテハチョウ（沖縄のフタオチョウの仲間）が何種も捕れます。この仲間は、現地人のウンコにも誘引されるので少々臭いのですけれどネットをかぶせて採集しました。おもしろいのは昆虫ばかりではありません。カメレオンや毒蛇のグリーンマンバ、スピッティングコブラなどの爬虫類もいます。森でハエを採集していたらカメレオンとグリーンマンバが目の前に落ちてきたこともあります。樹の上でヘビがカメレオンを襲ったようでした。このカメレオンは、帰国するまで、自宅の庭で飼育しました。

キャンパス内の森には、キンメアブの一種クリソプス・シラセウス *Chrysops cilaceus* が生息しています。このアブは、ロア糸状虫症というフィ

オビキンバエの一種 *Chrysomya inclinata*

ヤシ酒原料の採取　ヤシの花序を根元から切り落とし、切り口にヒョウタンの容器をあてがって樹液を集める。

サハラ砂漠南部のサバンナ

右＝採集してきたツェツェバエの成虫
左＝研究所からいただいた蛹

ラリア症の媒介昆虫です。ロア糸状虫の成虫は皮下を爬行《はこう》してみみず腫れを起こします。この症状をカラバール浮腫といいます。カラバールというのは、ナイジェリアのカメルーンとの国境近くの地方名です。大学病院の外来患者の血液を、学生といっしょに調べたところ、約三〇％からロア糸状虫の幼虫（ミクロフィラリア）が見つかりました。日本人の症例もあります。ナイジェリアから帰国して間もなくのことです。夕方、眼科の外来から電話があり、患者の眼に虫がいるのですぐ見に来てほしいとのことでした。行ってみると、なんとロア糸状虫の成虫でした。この虫が眼に出てくるのはよく知られていて、外国の教科書にもイラストが出ています。あまり害もないと説明して、摘出してもらいました。後に皮下からもう一匹摘出しました。このような症例を実際に見たのは、日本人ではほとんどいないでしょう。血液からは、多数の幼虫が検出されました。

チャド湖への調査旅行

休日には近くの滝のある渓流に出かけたり、長期の休みには東方のエヌグや北の大都市カノからチャド湖までも遠征しました。チャド湖までは、片道約一〇〇〇キロです。大学にあった日本人専用のワゴン車で出かけま

モルモットからの吸血　ツェツェバエが生きていくためには新鮮な血液が必要である。モルモットの背後のカゴの中に成虫が入っている。

した。二〇リットル入りのタンク二本に蒸留水を詰めて旅行中の飲料水にしました。往きはほとんど採集の機会もありませんでしたが、カドナという大きな街にあるトリパノソーマ研究所に立ち寄りました。この研究所は、イギリスの植民地時代に建てられたもので、ケニアのナイロビにあるトリパノソーマ研究所とともによく知られています。ここでは、アフリカ睡眠病の媒介者としてよく知られているツェツェバエの研究室を見学しました。研究室では、野外から採集してきたハエの蛹《さなぎ》を羽化させて感染実験に使っていました。専門のテクニシャンが、羽化したハエを肉眼でたちどころに分類して種ごとのケージに分けて行きます。ツェツェバエは、食物として吸血するので、毎日一回モルモットから吸血させていました。帰り際に、蛹をいくつか分けてもらってきたのが羽化したので腕に吸血させてみました。かなりチクチクします。アフリカ睡眠病の病原体ガンビア・トリパノソーマは、ヒトの血液中またはリンパ節に寄生し二分裂で増殖します。これが、ツェツェバエが吸血したときにハエの体内に取り込まれると、二～五週で感染型になりハエの唾液腺に集まるようになります。そして、ハエがふたたび吸血する際に人体に入り込みます。ヒトの体内に入った虫体が中枢神経系に入ると、頭痛、意識混濁、貧血などを起こし、それにより全

クロバエの一種（ナイジェリア）

身衰弱で死亡します。意識混濁で眠ったような状態になるので睡眠病と呼ばれています。

さて、チャド湖に向かう途中、カドナからカノ経由でマイドグリという街に到着しました。このあたりは、サハラ砂漠の最南端に近く、一般の車ではチャド湖畔までは到達できません。マイドグリからは送迎用の四輪駆動の車に乗り換えてチャド湖畔まで行き、小型船をチャーターしてチャド湖に出ました。チャド湖の岸辺は水草が生い茂っていて船はなかなか進みません。途中から開水面に出て三〇分ほど走らせて岸に帰ったところ警官に捕まってしまいました。なんでも許可なく湖に入ったのがいけなかったのだとのこと。私たちは、英語もわからないふりをしてなんとか切り抜けてマイドグリに帰ることができました。どこの国でもそうですが、権力を持った警官と兵隊に捕まるとなにが起こるかわかりません。

ナイジェリア北部の乾燥地では、ハエの数も少ないのですが、意外なことがわかりました。帰途、サバンナの真ん中で昼食を作っていたときです。米をといで水を近くに捨てたところ、いつの間にかサバンナの土と同じ色をしたハエが集まってきました。米のとぎ汁と水に誘引されたようです。採集したハエは、クロバエ科とニクバエ科のハエでした。後に大英自然史博物館で調べたところ、ニクバエはホプロケファロプシス *Hoplocephalopsis* とアポデクナ *Apodecna* という属のハエで、クロバエはリンコミア・プルイノーサ *Rhynchomya pruinosa* という種でした。このような辺鄙《へんぴ》なところのハエまでも、すでに調べられているとは思いもよりませんでした。イギリス人の蒐集能力と標本整理の几帳面さには驚かされます。帰りには、これから首都となる予定のアブジャに立ち寄ってイフェに戻りました。出発から一週間で、二〇〇〇キロ以上を走り抜けるという大旅行でした。

ツェツェバエ調査用のトラップ（ナイジェリアのカドナ近郊にて）裾の黒い布を目がけて集まったハエがネットの中に入り、先端のカゴの中に捕集される。

ナイジェリア北部の乾燥地帯

二つの国立公園とツェツェバエ

ナイジェリアには、いくつかの国立公園があります。そのうちのカインジ国立公園とヤンカリ国立公園に行ってみました。カインジ国立公園は、イフェの北約二五〇キロのところにあり、水源地となっているダムがあります。宿泊施設はあり、土産なども売っています。面積は広いのですが、動物はほとんど見られず、ダム湖の中にカバがいたくらいです。ガゼルも少しいたのですが、ケニアの比ではありません。昆虫などの採集は自由のようです。車で走っていると、ツェツェバエが多数飛び込んできます。わざわざ採集に出向かなくても向こうから飛び込んでくるとは、嬉しくなって次々と毒瓶に入れていたら、同行していた某大学医学部の生理学の教授が睡眠病を心配してパニックになって窓を閉めてしまいました。この先生は、渓流に足をすべらせて水中に飛び込んだときも住血吸虫症を心配しておかしくなったのです。こんな人は、アフリカなどにやってくる資格はありません。

ヤンカリ国立公園は、イフェの北東五〇〇キロのジョスの近くにあります。ここも動物はほとんどいませんでした。園内の宿泊施設は、この地方の住居のように作られています。円い土壁で、屋根は円錐形です。近くに

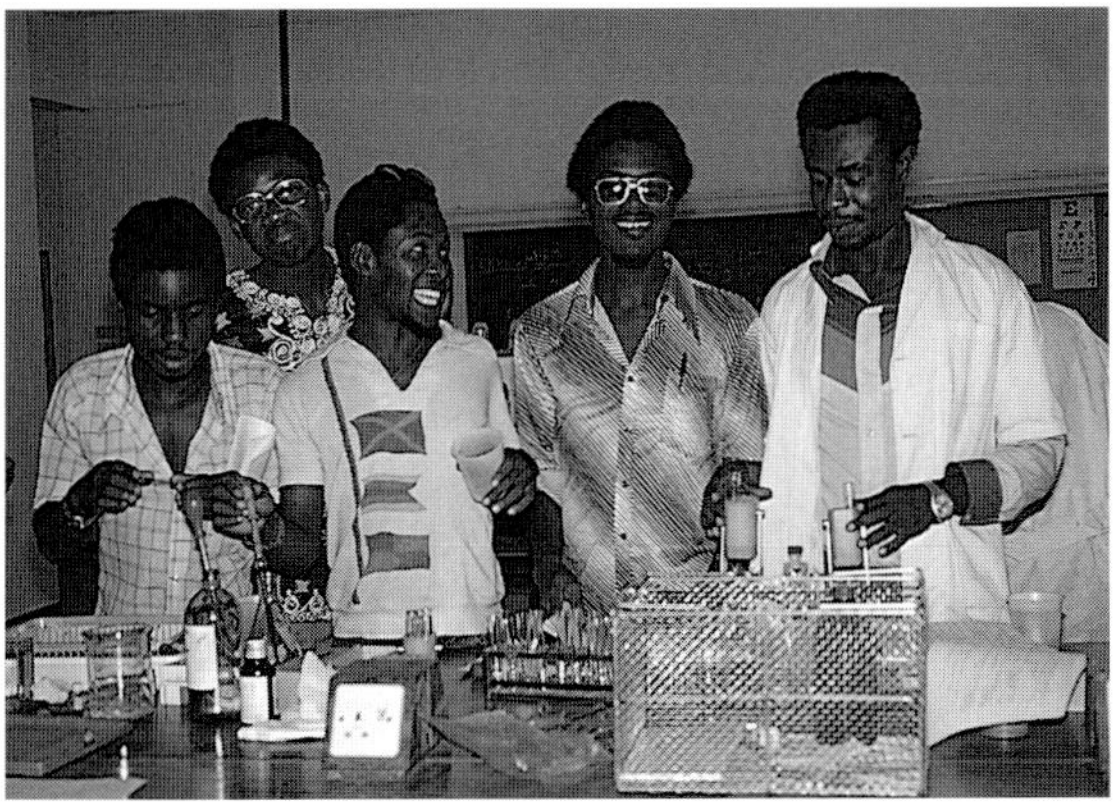

イフェ大学での寄生虫学実習

温泉も湧いていて、ここの温泉には、水着で入ります。公園内で見られた動物は、野牛と猿のみで象などの大型動物はいません。動物見物には、トラックが用意され、観光客は荷台に乗って、立ったままで動物たちを見ます。ここでもツェツェバエが多く、観光客の衣服に多数たかっていましたが、皆さんはなにもご存じないようでした。私は、彼らの後ろでたくさん採集できて満足でした。腐肉採集をすると、大型のオビキンバエがやってきました。イフェにはいない種です。北部の乾燥地帯には、前述のような砂漠のハエが生息し、南部の熱帯雨林地域では、オビキンバエが多く、南北でハエ相に大きな違いがあります。

アフリカ大陸には、約四〇種のミドリイエバエがいます。これらのほとんどは、野生動物の糞から発生します。野生動物の豊富なアフリカでは、それぞれの動物糞から固有のハエが発生してもおかしくはありません。食物が異なると糞の質が異なるからでしょうか。金緑色、金紫色などみごとな色彩のハエが多いのですが、死んでしまうと変色してしまい、標本ではその色がわからなくなります。国内にも、クマの糞からのみ発生するイエバエ科のハエがいます。

カメレオンの一種 *Furcifer willsii*

マダガスカル

―固有種の楽園にて―

マダガスカル島は、ニューギニアに次いで大きな島です。島の生成については多くの本に示されていますが、アフリカ大陸から離れたのは一億六〇〇〇万年前といわれています。そして一億二〇〇〇万年から八〇〇〇万年前頃には、インド亜大陸とつながっていたとされていて、このことから、最後までつながっていたインド亜大陸の動物相との類似性があることが知られています。マダガスカル島には、多くの固有の動物が生息しています。猿の仲間の原猿類、鳥類、カメレオン、カエルなど種々さまざまです。絶滅してしまったのですが、世界最大の鳥エピオルニスは、体の高さが三メートルもあったといいます。首都のアンタナナリボの動物園に併設されている博物館には、立派な骨格標本があります。ダチョウの三倍です。

バッタ *Phymaleus saxosus*

ホワイトシファカ　マダガスカルに生息する原猿類の一種。

ワオキツネザルの親子　ベレンティという個人所有の保護区内で餌付けされていた。

現在でも、南端の砂丘には卵の殻が落ちていることがあります。

マダガスカルには、サントリー有機科学研究所の中嶋暉躬先生の研究費で連れていっていただきました。このときの調査は、毒動物、特にハチとクモ、サソリ毒の研究がテーマで、私は採集と同定を担当しました。クモ類は、採集したらその日のうちに毒牙を抜いて、毒嚢《どくのう》を乾燥して持ち帰ります。ハチも同じで、毒嚢を乾燥した後、虫体を博物館の標本と比較して同定しました。サソリは、尾端の毒棘を切り落として乾燥します。このような作業の合間を縫ってハエ採集にも精を出しました。

マダガスカルの固有種を探して

最初に訪れたのは、首都のアンタナナリボから東に約一〇〇キロのアンダシベです。マダガスカルの自然保護区には等級があり、七階級くらいに分けられています。特別自然保護区（Strict natural reserve）や国立公園（National park）内では規制が厳しく、採集許可はなかなか下りないようです。アンダシベは、特別保護区（Special reserve）で三番目のランクです。園内は整備されていて、観察道路もきちんとしています。池も自然のままに残されていて、サギなどの野鳥が営巣していました。トンボもたくさん

食物に集まるオビキンバエの一種 *Chrysomya chloropyga*

いるようです。道ばたの草の上には、首（胸部）が長くてきれいなオトシブミもいました。このオトシブミは、ガイドブックにも紹介されています。森の中を歩くとインドリ（原猿）の吠える声が間近で聞こえます。アフリカのハエは、私の研究対称ではないのですが、マダガスカルの固有種のアナリア属 *Annaria* のハエは、ぜひ採集したいと思っていました。この属は、チールケ（Zielke, E. :1972）が、マダガスカルから六新種を含む新属として発表したものです。体は、イエバエ科のハエにしては大きく、七〜八ミリで、光沢のある青緑色と記載されています。アンダシベで一種でもこの属のハエが採集できるかと期待していたのですが、この保護区内ではどうしても見つかりませんでした。ところが、園内のガイドの一人が、保護区の外だがとてもよい森があるので案内すると中嶋先生に持ちかけてきました。早速、案内してもらったところ、なかなかよい森林です。ちょうど道路をはさんで保護区の向かい側なのです。ここでもインドリの吠える声がよく聞こえてきます。また、何種かのカメレオンやカエルも見られます。開けた断崖の上の道には、下から吹き上げられてくるコガネムシが次々とやってきました。金緑色のすばらしく綺麗なのや、光沢のある黒色の種もいます。それらは何匹採集しても、個体ごとにみんな違っているように思

オオベニハゴロモ *Phromnia roseae*　同じ種でありながら、個体ごとに体色が違っている。

えました。腐肉トラップには、オビキンバエの仲間がたくさん集まってきました。後で倉橋さんが調べたところ、この中にマダガスカルの固有種クリソミア・パキメラ *Chrysomya pachymera* もいました。

また、ここではオビキンバエのおもしろい行動を見ることができました。腐肉にたかっている雌に雄が近づいてきて、前脚の剛毛で雌の複眼をなではじめたのです。なにをするのかと見ていると、しばらくしてから後ろに廻って交尾行動をしました。ディスプレイをしていたのでしょうか。先に、ニューカレドニアで見た、オビキンバエの行動とはかなり違っていました。この種は、もう一種の固有種クリソピレリア・サフィレア *Chrysopyrellia saphyrea* でした。

この森でも、残念ながらアナリア属 *Annaria* のハエは採集できませんでした。その代わり、思っても見なかった種が得られました。それは、日本国内にも五種生息しているヒメクロバエ *Opyra* の仲間です。この属は、一九八六年にイギリスのポント博士によりトゲアシメマトイ属 *Hydrotaea* に入れられました。日本国内にもトゲアシメマトイ属のハエはたくさんいます。形態的にも、ヒメクロバエは、体が光沢のある黒色または青藍色で、雄の前腿節に一対の棘がありません。トゲアシメマトイは、体が黒色ですが艶はなく、灰色の粉で被われ、雄の前腿節に一対の棘があります。少なくとも、国内の種を比較したかぎりでは、属を統一する理由は見当たりませんでした。ところが、アンダシベで採集したヒメクロバエには、雄の前腿節に明瞭な棘があったのです。完全に、両属の特徴を備えたこのハエは、現在ポントさんと研究中です。

アンタナナリボの周辺には、かなり簡単に入れる保護区があります。大学を通じて申請を済ませていれば、すぐに入れてもらえる上に採集も自由です。そのうちのひとつ、南に約五〇キロのところにあるアンバトランピから入った二〇〇〇メートルくらいの山塊では、ジープがあれば広範囲の地域で採集もできました。残念ながら、私たちが訪れたときは山火事で、というよりは焼き畑の目的で焼き尽くされて、期待した収穫はありませんでした。マダガスカルは、森林のランクが下であれば保護区でも火をつけられてしまう国です。この国のほとんどの地域は、森林が燃料用に伐採されて、その跡はユーカリの植林に替わっています。遠くから見るとすばらしい森林なのですが、近づいてみるとユーカリの森でがっかりすることが多々ありました。ユーカリは、オーストラリアの植物です。乾燥地でも、貧栄養の土地でも育ちます。現地のオーストラリアではこれを食べる昆虫類がいるようですが、オーストラリア以外の国ではほとんどいません。ユーカリの林では、昆虫相が本当に貧弱なのです。

乾燥地帯の昆虫たち

マダガスカルの南部の、トリアラという街から二〇〇キロほど東に行ったところにイサロ国立公園があります。国立公園のランクでは、特別保護区です。乾燥地であり、森林はまばらです。この公園の丘の上で、石をひっくり返すとサソリが見つかります。中型のサソリで毒性はあまり強くないようです。集めるつもりならば一～二時間で一〇〇匹くらいは簡単に採集できます。しかし、それよりも、地元の人から買い取るのが最も簡単な方法です。ニューギニアでもそうでしたが、一匹いくらと言っておくと翌朝には驚くほどの個体数が集まります。われわれは、そんなに多くは必要ありませんので、この方法で集めるのは一回でやめました。イサロの周辺には、体長七～八センチにもなる大型のゴキブリや水疱性皮膚炎を起こすハンミョウの仲間もたくさんいます。ハンミョウ類は、世界の熱帯に多く、手でつまむと体節から黄色の体液を出します。この体液が皮膚につくと数時間後に水疱ができるのです。痛くも痒くもないのですが、水疱が破れる

オオジョロウグモ *Nephila madagascariensis*

マダガスカルのサソリ

マダガスカルの南部乾燥地の自然景観

とピリピリします。この地方は乾燥地なのでハエは少なく、人の生活圏内で発生する種がほとんどでした。

トリアラから、海岸沿いに五〇キロほど北にゆくと、マオンバという小さな集落があります。観光客も訪れるらしく宿泊施設もあります。ここも乾燥地で砂丘が続き、刺《とげ》のあるマダガスカル特有の樹木やバオバブの樹もたくさん生えています。動物相もおもしろく、砂に潜るヘビ、頭の頂点にも眼のあるトカゲ、前脚がすごく発達したコオロギの仲間などもいました。

以前に、ここでスナノミ（砂蚤）の寄生を受けて帰国したテレビ取材班の人がいました。足に何匹も寄生を受けていたのです。スナノミの雌は、足の裏のひび割れ、爪の下などに潜り込んで吸血しながら次第に大きくなり、最後には腹部が小豆大となります。その頃には、腹部は卵で一杯になっています。このような生息地で、裸足やサンダル履きで歩いていると寄生されます。私も一度経験したいと思い、滞在中の三日間サンダルで過ごしたのですが寄生されませんでした。

トリアラよりもさらに南東のトラナロから北に一〇〇キロばかり入ったところにベレンティという個人所有の保護区があります。そこには、宿泊施設も整っていて餌付けされたワオキツネザルのほか、ブラウンレムールやホワイトシファカなどの原猿類を目の前で見ることができます。乾燥地なので森林内もかなり乾燥していてハエ類はあまり採集できませんでした。猿もたくさん生息していて、糞もするのでしょうが、乾燥していて発生源にはなりそうにありません。ところが、蝶の種数はとても多く、ほかの地域では見かけなかった種がたくさんいました。おもしろいのは、同じ種でありながら個体ごとに赤、緑、黄色のまるで交通信号のようなハゴロモの仲間がいたことです。学名をフォロムニア・ロセアエ *Phromnia roseae* といいます。マダガスカルのガイドブックにも出ていました。

ワオキツネザルの親子

再び東南アジア・日本へ

ベトナム

ベトナムには、二〇〇二年に国立科学博物館の大和田守博士の研究費で参加させてもらいました。これまで約二〇年間、ほとんど自分で計画して、相手国との交渉などをすべてやってきたので、これほど楽な学術調査はありませんでした。ベトナムを訪れたのは、ベトナム戦争の終結する三カ月前に、サイゴンのパスツール研究所を訪ねて以来でした。当時は、戦争の末期で街角には土嚢が積まれ、銃を持った兵士がうようよしていましたから、ネットを持っての昆虫採集どころではありませんでした。現在とは、生活程度もまったく異なっていました。

熱帯の高原と森林のハエ

この調査では、一カ月かけて南北に細長いこの国を南から北の中国国境まで点々と移動して行きました。最初は、首都ハノイからホーチミン市（サイゴン）に行き、現地の旅行社のマイクロバスで北東約二〇〇キロのダンブリというフランス植民地時代の避暑地に到着しました。とにかく、すべておまかせの気楽な調査です。標高は一三〇〇メートル、ホテルも完備していてマラリアの心配もなさそうです。ここには半径五〇〇メートルほどの原生林が残されていて、近くには渓流と池もあります。森の中には遊歩道があり、売店なども開いていて、観光地らしく朝からどんどんと観光バスがやってきます。動物園らしい施設があり何種類かの動物を展示しています。公園内には象も飼育されていて観光客を乗せて歩いているようでした。夕方、象が帰ってきたところをねらって吸血昆虫の採集をさせてもらい、サシバエ、アブなどが多数採集できました。タイ国でもそうでしたが、国立公園内で野生動物にたかっている吸血昆虫を採集すると、家畜のものと異なる種が得られます。ダンブリの象からもヘマトビア・スティムランス *Haematobia stimulans* というサシバエの仲間が採集されました。サシバエというのは、イエバエ科の中の大きなグループです。口吻《こうふん》（口器）が硬化していて吸血に適しています。一般には、家畜や野生動物から吸血しています。血液は食物として摂取するので、雌雄とも吸血します。森林

バクマ国立公園　ホテルから山頂まで歩いて三〇分。滞在中は毎日採集に通った。

の中で腐った魚を囮《おとり》にした採集では、多数のクロバエ類に混じってイエバエ科、クキイエバエ属の新種も採集されています。

ダンブリから北に二〇〇キロのところにダラトというとても美しい街があります。フランス統治時代の避暑地として知られています。この街の近くに、ランビアン山（Mt. Langbiang）という標高二一六九メートルの山があります。レーダー基地があるほか、原生林も残っていて観光地にもなっています。途中までは、専用のジープで登ります。山頂まではかなりの急坂で、山頂は見晴らしがよいように樹が伐採されていました。このような単独峰には、四方からの風に乗って蝶やコガネムシなどいろいろな昆虫が吹き上げられてきます。ハエのうちでもニクバエ類は、単独峰の山頂で多数採集できます。ただし山頂に樹木がなく禿げ山であることが条件です。樹木が大きいと樹冠に集まるので普通のネットでは採集できないからです。ここでも一種のみですがニクバエの新種が発見されました。この山で採集した蝶のうちでも、小型のワモンチョウ、ファウニス・ユメウス***Faunis eumeus***は、香港のタイポウカウ公園などにもいる種でした。

次に訪れたのはベトナム中部のバクマ国立公園です。ベトナム戦争のときに有名になった軍港ダナンの北五〇キロのところにあります。麓には公園事務所があり、ほとんどが写真ですが、公園内の動植物などを紹介する部屋もあります。ここで所長さんを表敬訪問した後、標高一八〇〇メートルの宿泊地に到着しました。ここもフランス統治時代の避暑地です。ホテルは、改装されているようでしたが土台はしっかりした当時のものです。レストランもあり、料理を注文すればたいていのものは出てくるようです。ホテルから山頂までは徒歩で約三〇分、ここも観光地で、頂上にはレストハウスがありました。頂上の手前に茅《かや》の茂ったピークがあり、そこにはたくさんのニクバエとヤドリバエが吹き上げられていました。ここには、滞在中毎日通ってハエの採集をしました。後で調べた結果、キノシタニクバエ *Sarcophaga glavelyi* シロガネニクバエ *Sarcophaga konakovi* など日本との共通種がたくさんいました。その中に、二新種が見つかったので記載したところ、一種はわずかに早くスウェーデンの研究者によりタイ国からの新種として学会誌に発表されてしまいました。南部のハエ相は東洋熱帯の種が多かったのですが、このあたりになるとヒマラヤとの共通種、いわゆる西部シナ系の要素が入ってくるようです。

蝶でも日本にも多いミドリシジミの仲間がいるようです。ここのワモンチョウは、和名をムラサキワモンチョウ *Stichophthalma comadeus* とされて

水場に群れるシロチョウ　同じ科の蝶が集まっていた（ククフォン国立公園にて）。

いる種で、大型暗緑色の別種でした。樹間の高いところにいるので、私の短いネットではなかなか採集できなかったのですが、一匹捕るとあと数匹は容易に採集できました。この国立公園には原生林がとてもよく保存されています。標高五〇〇メートルくらいまで下がると、渓流もありトンボや渓流性のハエ類もたくさんいます。ここで大失敗をしました。うっかりと足下に防虫スプレーを吹きつけないで森に入ったのです。私は、マダガスカルでもヒルにやられたのですが、これまでにネパール、ボルネオなどで何度もヤマビルにたかられた経験があるため、抗体値が上がっていたようです。ヤマビルに吸血されると、所属リンパ節がすごく腫れてきます。しかも出血が止まりません。ズボンが真っ赤になってしまいました。抗ヒスタミン剤と抗炎症剤をもらって服用したのですが腫れは数日間続きました。

ハエのいない森

ククホン国立公園は、ハノイの西二〇〇キロのところにある平地の公園です。ベトナムで最初に指定された国立公園とか。入り口には、事務所と冷房完備の宿泊施設や土産物店もあります。平地なので気温、湿度とも高く、じっとしていても汗が出てきます。これまで避暑地のようなところばかりを廻っての調査でしたので、やっと熱帯に来たという実感が湧いてくるようで嬉しくなりました。入り口から熱帯雨林が約三〇キロも続き、その奥には子供たちのための学習施設もあります。ここでも宿泊可能なようです。早速、地元で買ってきた淡水魚を森の中に置いてみました。ボルネオで見たような光景を予想したのですが、ハエがまったくやってきません。オビキンバエくらいはと思ったのですが、ほんの少しやってきたのみでした。こんなにすばらしい熱帯雨林なのになぜでしょうか。

ハエは少ないのですが、蝶の数には驚きました。道路沿いの水の流れているところでは、たくさんのチョウが吸水していました。一カ所に数千匹いることもあります。ところが、よく見るとシロチョウはシロチョウのみの集団です。イシガキチョウもアゲハも同じ科のチョウが集まっているのです。シロチョウの雄は、集団で帯のようになって道沿いに飛んでいます。この帯は、二〇キロ以上も続いているように見えました。シロチョウの吸水集団の中に、アサクラアゲハが混じっています。このアゲハは、白っぽいので自分はシロチョウと思っているのでしょうか。タテハチョウ科のイシガキチョウは何種かいましたが、種ごとにかたまって吸水している様子はありませんでした。

ククホン国立公園は、標高約二〇〇メートル、当然のことながらマラリアの流行地です。ハマダラカの一匹でもいないかと探したのですが、ホテルの周囲では、オオクロヤブカがいたのみでした。部屋のベッドには、蚊帳があるので、ここでマラリアに感染することはほとんどないと思います。

電灯に集まった蛾　白いシーツに無数の蛾が止まっている。

中国との国境地帯から新種のイエバエ

ベトナム最後の調査は、中国との国境に近いサパを基地にして行ないました。ホテルは、一晩中蛾や甲虫の灯火採集のできる町はずれの高台でした。ベランダからは、インドシナ半島の最高峰ファン・シ・パン（Mt. Fan Si Pan、三一四三メートル）が目の前に見えます。女性登山家としてエベレストに初登頂した田部井淳子さんも登ったそうですが、かなり悪戦苦闘しています。なぜならば、ヒマラヤの高山では岩と氷が相手ですが、熱帯のしかもそれほど高くない山では、竹、蔓、刺《とげ》のある灌木などのいわゆるブッシュがすごいのです。特に、竹の皮には鋭い刺が密生しています。うっかり素手で触るとびっしりと刺がささってしまいます。なにげなく葉を触っても刺が隠されていたり、イラクサのような植物もあり、触ってからやっと気づくことがよくあります。竹をなぎ倒し、蔓を切りながらの熱帯の登山はたいへんなのです。

サパの街から一五キロほど北に峠があり、その周辺には原生林が残っていました。峠を少しばかり下って森の入り口に淡水魚のトラップを置いたところ次々とハエが集まってきました。ネットを伏せては集まってきたハエを採集したのですが、持参した毒瓶、保管用のボトルまですべて一杯になってしまいました。あっという間のできごとです。集まってきたのはクロバエ類ではありません。そのほとんどがクキイエバエ属 *Atherigona* の種でした。この属のイエバエについては、私が、倉橋さんの採集した標本にもとづいて、ベトナムからすでに六新種を含む九種を報告しています。新種は、すべてサパで採集された標本に基づいています。これらは、クキイエバエ属のうちでもアクリケェタ *Acrichaeta* という亜属に属していて、しかも、この亜属のうちでも形態の特徴がとてもユニークなのが多いのです。触角に風圧を感じるアリスタという器官があります。このアリスタの先端が黒ゴマのように太くなっている種、白い刷毛のようになっている種などユニークな種ばかりです。これらの新種の論文をイギリスのこの属の専門家であるポント博士（Dr. Pont）に送ったところ、こんなに特徴的な種ははじめてだという返信をいただきました。このときの調査でもう一種追加しました。河を隔てたのみの隣の中国では、まだ一種が報告されているにすぎません。遠くから見ても同じ環境のようですから、この属のハエが中国からもまだまだ報告される可能性があります。

ファン・シ・パン山　インドシナ半島の最高峰。熱帯の山はブッシュをかき分けての登山になるため、非常に厳しい。

南西諸島
―熱帯からの回廊―

南西諸島は国内唯一の亜熱帯地域にあります。北はトカラ列島から南の与那国島まで一〇〇〇キロも離れており、そこに生息する動物も固有種が多く分布上も重要な種が多いのです。たとえば、よく知られているイリオモテヤマネコ、アマミノクロウサギ、トゲネズミ、ケナガネズミなどの哺乳類、アカヒゲ、ルリカケスなどの鳥類、両生・爬虫類ではハブ、ヒメハブ、イシカワガエル、オットンガエルなど、数えたらきりがありません。昆虫類でもテナガコガネなど固有種がたくさん知られています。固有種のみでなく、より南の東洋熱帯から北に進出してきた種も多いのです。そこで、この本の最後に南西諸島を取り上げることにしました。

奄美大島と徳之島

南西諸島は、数百万年前は、中国大陸とつながっていたのですが、約一万年前の氷河期に現在の形になったとされています。このことについては多くの本で紹介されているのでここでは詳しくは述べません。大陸から離れた時期の違いにより、島ごとに固有種が見られるようになったと考えられています。

琉球列島の地理区分については、戸田ほか（二〇〇二）によると、琉球列島は、北琉球、中琉球、南琉球に分けられています。北琉球には大隅諸島（屋久島、種子島）も入っていますが、ここでは日本本土との共通種が多く見られます。ところが、屋久島と西表島からのみ採集されているコミドリバエ *Isomyia prasina*（クロバエ科）や先島諸島から屋久島まで分布しているワタセハナゲバエ *Dichaetomyia watasei*（イエバエ科）のようなハエもいます。トカラ列島には、トカラハブなど固有の動物が分布していますが、これまでに調べたところではハエ類の固有種はありません。少し南に下がった奄美群島のうち、奄美大島と徳之島には、ほかの島に分布していないニクバエの固有種もいます。

奄美大島に最初に渡ったのは一九六一年でした。現在は、空港となっている北部のあやまる岬で、はじめて見るすばらしい珊瑚礁にすっかり魅せられてしまいました。それ以来、徳之島も含めて一二回通いました。

奄美大島といえば、一般には知られていないようですが、われわれにとっては湯湾岳《ゆわんだけ》が聖地のようなものでした。その当時は、海岸から一歩入れば原生林が山頂まで続いていました。途中の洞窟内にはリュウキュウコキクガシラコウモリが何千頭といました。そして足下にはハブがいたこともあります。頂上のすぐ下にシイタケを栽培する小屋があり、そこに二週間くらい泊めてもらったこともありました。シイタケ栽培といっても、本土の栽培方法とはまったく違います。シイの大木を切り倒して、小枝をおとし、そのままでシイタケの駒を打っていくだけです。シイタケの品種も異なり、一本の直径が二〇～三〇センチもありました。取れたてをたき火で焼いて泡盛を飲みながら食べるのですが、味も量も最高でした。最初の頃の調査目的はハエではなく、ネズミの寄生ダニでした。ハエも採集したのですが、当時はニクバエの研究が主でしたのでニクバエ類ばかり追っていました。なぜイエバエ類もついでに採集していなかったのか、今考えると、とても残念です。奄美大島には、ケナガネズミやトゲネズミなど南西諸島でもめずらしいネズミが生息しています。ケナガネズミは、樹上に生活しているのでトラップなどでは簡単に捕まりません。トゲネズミは、土中に営巣しているのでトラップでも捕えられます。捕まえたネズミから採集したダニ類は、それぞれの専門家に提供しましたが、その後どうなったかは不明です。

島ごとに分化したニクバエ類

奄美大島と徳之島には、オオシマニクバエ *Sarcophaga oshimensis*、ユワンセンチニクバエ *Sarcophaga yuwanensis*、カネコニクバエ *Sarcophaga kanekoi* という三種の固有種が生息しています。オオシマニクバエは全島で平地でも採集できるのですが、カネコニクバエとユワンセンチニクバエは、湯湾岳のような山地でしか採集できません。ニクバエ科、特にニクバエ亜科のハエは、外部形態がほとんど同じです。分類するにはおもに雄の外部生殖器の形態に頼らねばなりません。都合のよいことに雄の外部生殖器はクロバエ科などと違ってとても大きく、種ごとに形態が異なるので比較するのがとても容易です。図は、南西諸島の固有種の分布と雄の外部生殖器です。見てください。種ごとにこんなに違うのです。ところが、種の分類はやさしいのですが属の段階で困ったことになりました。つまり、どの種もひとつの属サルコファガ *Sarcophaga* に入ってしまうのです。以前には、ロシアやブラジルの学者により属が細かく分けられていました。それがあまりにも煩雑で、無理にこじつけたようなので、二〇年くらい前に統一されました。現在では、以前の属を亜属として扱う傾向になっています。

沖縄本島の固有種は、シラキニクバエ *Sarcophaga shirakii*、オキナワヒメニクバエ *Sarcophaga pseudosubrata*、ヨナハニクバエ *Sarcophaga yonahaensis* の三種です。いずれの種も中・北部の自然林内で捕れます。ヨナハニクバエは、現在では絶滅していると思われますが、与那覇岳の山頂でしか採集されていません。与那覇岳は、山麓が自然林で、山頂付近に大木がなかったので絶好の採集地でした。現在は、山麓がパイナップル畑と化しています。北部の国頭村にある琉球大学の演習林には何度もお世話になりました。河口の与那の小さな渓流には、リュウキュウアユの群が見られました。演習林の宿舎から上流は、渓流沿いにすばらしい原生林が残っていました。ここには、シラキニクバエがいました。ヤンバルクイナやテナガコガネなどの固有種が見つかっていなかった頃のことです。沖縄本島の北部は、国頭と呼ばれています。現在でも一部は米軍の演習地になっていますが、そこにはすばらしい森も残っています。渓流にはテナガエビが

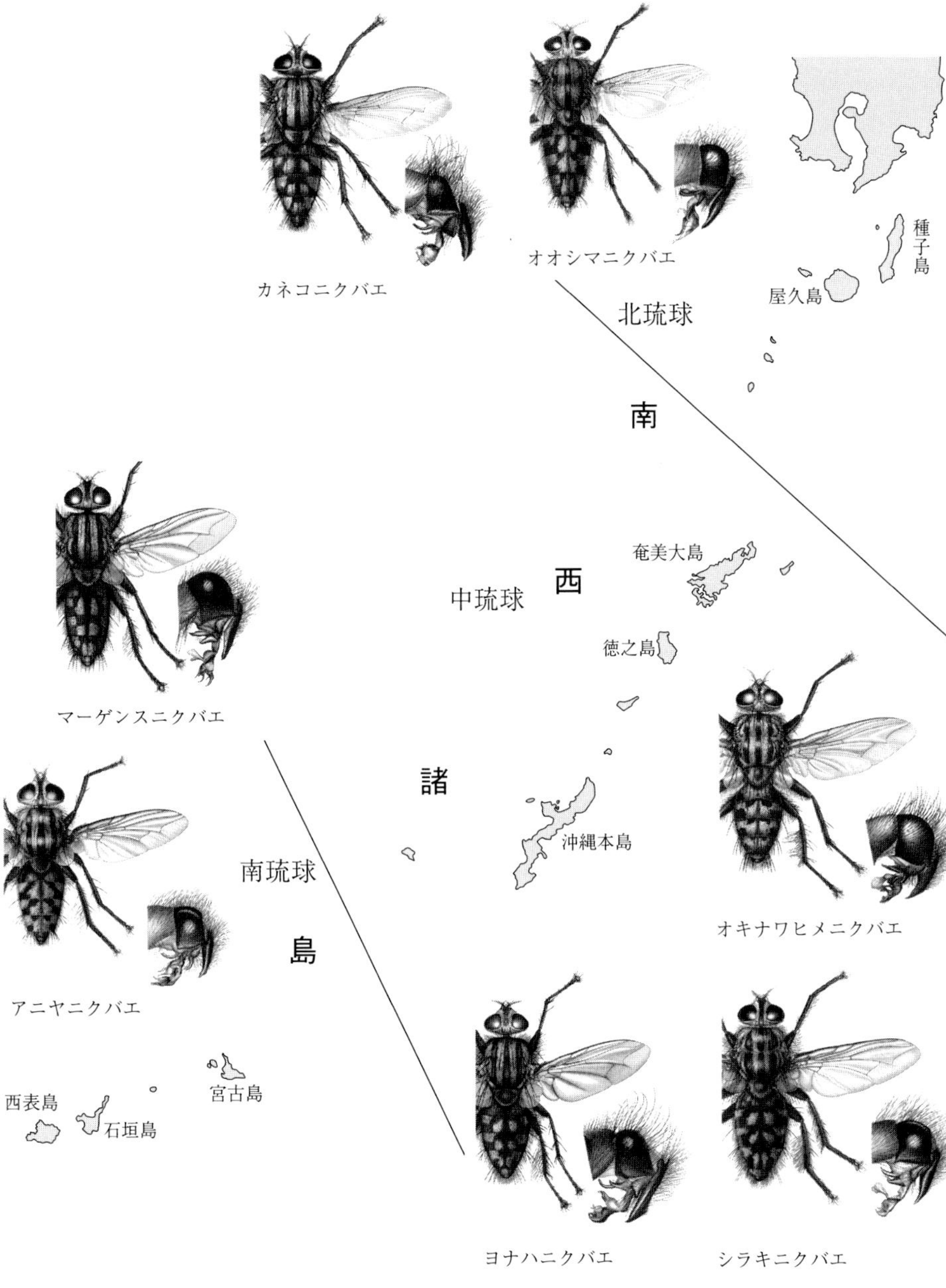

島ごとに種分化した南西諸島のニクバエ

たくさんいました。これを捕って酒の肴にと考えました。地元の人々がやっている網で捕る方法です。長い竹の先に小さな網をくっつけるだけです。あとは生のサツマイモを噛んで、渓流に吹き飛ばします。するとどうでしょうか。あちこちの岩の透き間からテナガエビが現れてきました。それをそっと網でかぶせると簡単に捕れます。こんなにおもしろいエビ捕りははじめてでした。

沖縄では、宮古島以南を先島列島と呼んでいます。宮古島は隆起珊瑚礁の島なので陸生の生物相は貧弱です。西表、石垣島には、アニヤニクバエ *Sarcophaga aniyai* とマーゲンスニクバエ *Sarcophaga magensi* という二種の固有種が知られています。両種は、一九五四年にすでに加納先生により新種として記載されています。

石垣島と西表島

私が、石垣、西表島に最初に行ったのは一九六二年でした。当時は、アメリカの統治下にあったので身分証明書（パスポート）が必要でした。鹿児島まで特急で二四時間、翌日の夕方、波之上丸という大型船に乗船して翌朝にやっと那覇の港に着いたのです。そこから石垣島まではまた一晩の船旅でした。現在では、三時間ほどで到着する石垣島には、三日目にやっと到着しました。石垣島の最高峰はオモト山（六〇〇メートル）です。現在は、山頂にテレビのアンテナが設置されていますが、自然はよく残されています。石垣市の郊外のバンナ岳は、当時は樹木が密生していて森の中に入るのもたいへんでした。動物相も豊富で、特に昆虫類は多く、ここで得られたハエの新種もあります。固有種のアニヤニクバエは、当時マラリア防除に携わっておられた石垣市の安仁屋賢一さんに献名されたものです。現在のバンナ岳は、公園になっていて車道も完備しています。昔の面影はまったくありません。動植物の採集も禁止されているので現状はわかりません。

西表島には、当時石垣市に駐留していたアメリカ軍の上陸用船艇で送ってもらいました。島には車が一台もなかった時代です。石垣港から西原の海岸まで一時間足らずで砂地に上陸しました。そこから祖納まで炎天下を歩きました。祖納では、その夜青年団の歓迎を受けました。なにしろ来客の少ない土地で、しかも東京からの若い訪問者でしたので大歓迎されました。同年代の地元の青年たちと夜が更けるまで語り合ったのです。そのときに出された食物の中に、リュウキュウイノシシの刺身（生肉）がありました。少しためらったのですが、せっかくのご馳走なので思い切っていただきました。泡盛とよくあいとても美味しかった記憶があります。当時は、まだ知られていなかったのですが、イノシシの肉には肺吸虫の幼虫がいることがあります。知っていたら食べなかったかもしれません。

石垣島への帰りは、島を横断して徒歩で大原まで行きました。白浜から浦内川をさかのぼって途中から山道に入ります。私には道がほとんどわかりませんが、案内に立ってくれた青年にはわかっているようでした。途中には、セマルハコガメ、サキシマハブ、キシノウエトカゲなどの爬虫類がときおり出てきました。イリオモテヤマネコなどはまだ見つかっていませんでした。すばらしい原生林の中をコザ岳を越えて横断し約七時間で仲間川の上流にたどり着きました。大原から約四キロくらい上流で、そこまで舟で迎えに来てくれることになっていました。ちょうどその時間が干潮で、舟は上がって来られません。待ち時間を利用してマングローブ林が拡がる川に下りると、満潮時には水の下になるはずの砂地にものすごい数のゴミムシがいました。潮が満ちてくると上げ潮に乗っていろいろな魚が上ってきます。大きなフグの仲間までいたのには驚きました。

東洋熱帯から拡がったイエバエ

石垣、西表島には、東洋熱帯から分布を拡げてきたと思われるハエがたくさんいます。そのうちでもイエバエ科に属し、牛や水牛の糞から発生するミドリイエバエの仲間が四種生息しています。オオミドリイエバエ *Neomyia coeruleifrons*、リュウキュウミドリイエバエ *Neomyia indica*、クロオビミドリイエバエ *Neomyia lauta* の三種は、先島諸島まで分布しています。もう一種のミドリイエバエは、本州の北部まで分布を拡げています。イエバエの仲間で同じように分布を拡げているのがフタスジイエバエ *Musca sorvens*、ハラアカイエバエ *Musca ventrosa*、ヤエヤマイエバエ *Musca convexifrons* の三種です。前二種は、トカラ列島まで北上しています。両種ともヒトを好んでたかる性質があります。傷口や汗などにしつこくやってきます。ヤエヤマイエバエは、石垣、西表島からのみ記録されています。クチブトイエバエ *Musca crassirostris* は、一九八八年に西表島と波照間島で見つかった種です。口器が鋭く、牛や水牛などの傷口から血液や浸出液を吸います。それ以前にも何度か調査したのですが見つかっていません。このハエは台湾まで分布していました。おそらく、なにかの手段で侵入してきたのでしょう。ただ、台湾と沖縄とのあいだで家畜の移動はありません。

蝶などは、台風で飛ばされてきて定着している種もあります。

南西諸島のミズギワイエバエ

小笠原諸島のミズギワイエバエ類と同様に、南西諸島のミズギワイエバエもさまざまな環境下に生息しています。渓流沿いの石の上、滝の岸壁、マングローブ林の泥地、森林内の地上の水たまりなどです。私は、南西諸島から一〇種の新種を記録しました。これらは、とても小さなハエで、体長が約三~五ミリです。小さいうえに、とてもすばしっこく、しかも水際にいるので採集するのは容易ではありません。ところが、一八〇〇年代の終わりから一九〇〇年代にかけてこのハエの仲間が多数インドネシアなどから新種として記録されているのです。以前に、アムステルダムの大学博物館に保存されているインドネシアの標本を調べる機会がありましたが、とてもよく保存されているのには驚きました。

南西諸島のハエ相については、かなり詳しく研究されています。特に、ニクバエ科とクロバエ科では、新しい種が見つかる可能性はほとんどありません。しかし、イエバエ科については、調査はまだ十分とは言い切れません。というのは、イエバエ科のハエは、あらゆる環境下に生息していますし、小型の種が多いため、今後新しい種が見つかる可能性は十分にあります。私の推定ですが、今の段階で八〇%くらいの種はわかっていると思います。小さくて、あまり綺麗ではなく、収集の対称にもならないハエ類に興味をもつ人の数は、蝶や甲虫などの愛好家の数とは比べものになりません。趣味で集めている人は皆無でしょう。それでも研究をやめられない理由は、ただハエが好きだからです。

おもな参考文献

Emden, Van F. I. (1965). Fauna of India and Adjacent Countries. Diptera, 7, Muscidae, Part 1, 647 pp.

Fan, Z., ed. (1992) Key to the common flies of China. 2nd ed., Academia Press, 992pp.+33pls.

Howarth, F. G. and W. P. Mull (1992). Hawaiian insects and their kin. University of Hawaii Press, 159pp.

James, M. T. (1962). Diptera: Stratiomyidae; Calliphoridae. Insects Micronesia, 13: 1-127.

Kano, R., Field, G. and S. Shinonaga (1967). Fauna Japonica, Sarcophagidae (Insecta: Diptera). Biogeogr. Soc. Japan, 168 pp+41 pls.

Kano, R. and S. Shinonaga (1968). Fauna Japonica, Calliphoridae (Insecta: Diptera). Biogeogr. Soc. Japan, 181 pp. +23pls.

Kurahashi, H.(1987). The blow flies of New Guinea. Bismarck archipelago and Bougenville Island (Diptera : Calliphoridae). Ent. Soc. Jpn., suppl. 25: 1-99.

Kurahashi, H., Benjaphong, N. and B. Omar (1997). Blow Flies (Insecta : Diptera: Calliphoridae) of Malaysia and Singapore. The Raffles Bull. of Zool., Internt. Journ. SE Asian Zool., suppl. 5: 1-8.

Kurahashi, H. and F. R. Magpayo (2000). Blow Flies (Insecta: Diptera: Calliphoridae) of the Philippines. The Raffles Bull. of Zool., Internt. Journ. SE Asian Zool., suppl. 9: 1-78.
倉橋　弘（二〇〇一）「オビキンバエの起源を訪ねて」篠永哲・嶌洪編著『ハエ学―多様な生活と謎を探る―』東海大学出版会、二六五～二九二頁
木崎甲子郎編著（一九八〇）『琉球の自然史』築地書館、二八二頁
ケネス・Y・カネシロ（一九九九）「ハワイのショウジョウバエ、種分化と進化」『インセクタリゥム』三六（九）：一六―二二
Lopes, H. S. (1958). Diptera Sarcophagidae. Insects Micronesia, 13: 15-49.
Majupuria, T. C.（ed.）（1984）. Nepal-Nature Paradise-. White Lotus Co. Ltd., 476pp.
森林敦子（二〇〇一）「休眠するハエ―センチニクバエ―」篠永哲・嶌洪編著『ハエ学―多様な生活と謎を探る―』東海大学出版会、二九三～三一四頁
Nandi, B. C. (2002). Fauna of India, Sarcophagidae (Diptera). Zoological Survey of India, Kolkata, 608pp.
小笠原自然環境研究会編（一九九二）『小笠原の自然　―東洋のガラパゴス フィールドガイド―』古今書院、一四三頁
Pont, A. C. and F. R. Magpayo (1995). Muscid shoot-flies of the Philippine Islands (Diptera: Muscidae, genus Atherigona Rondani). Bull. Ent. Res., suppl. Ser. 3, International Institure of Entomology, 123pp.
Povolny, D. (1971). Synanthropy. In "Greenberg, B. Flies and Disease" Vol 1.: 16-54. Princeton University Press, Princeton, New Jersey.
Sasa, M., Takahasi, H., Kano, R. and H. Tanaka (ed.) (1997). Animals of medical importance in the Nansei Islands in Japan. Shinjyuku Shobou Ltd., 410pp.

Senior-White, R. , Aubertin, D. and J. Smart (1940). The Fauna of British India, including the remainder of the Oriental region. Taylor and Francis, London, 288 pp.

嶌　洪（一九九七）「ヒマラヤから日本まで続く昆虫相：日華区系要素」酒井治孝編著『ヒマラヤの自然誌　―ヒマラヤから日本列島を遠望する―』東海大学出版会、一五九〜一六一頁

清水善和（一九九八）『ハワイの自然　―３０００万年の楽園―』古今書院、一八四頁

Shinonaga, S. and R. Kano (1971). Fauna Japonica, Muscidae I. (Insecta, Diptera). Keigaku Publ. Co., 242pp.

Shinonaga, S., H. Kurahashi and M. Iwasa (ed.). Studies on the Taxonomy, Ecology and Control of the medially important Flies in India and Nepal. Jpn. Journ. Sanit. Zool.,45(suppl.): 1-316.

Shinonaga, S. (2003). A Monograph of the Muscidae of Japan. （日本のイエバエ科）東海大学出版会、三四七頁

篠永　哲（二〇〇二）「ハエ採集余話」『はらのむし通信』一八二：三-一二、目黒寄生虫館

Snyder, F. M. (1965). Diptera: Muscidae. Insects of Micronesia, 13(6): 191-327.

Stein, P. (1915). H. Sauter's Formosa-Ausbeute. Anthomyidae (Dipt.). Suppl. Ent., 4: 13-56.

戸田　守・諸喜田茂充・西田　睦（二〇〇三）Ⅲ「琉球列島の生物相の歴史的成り立ち」西島信昇監修、西田　睦・鹿谷法一・諸喜田茂充編著『琉球列島の陸水生物』東海大学出版会、五七二頁

山本紀夫・稲村哲也　編著（二〇〇〇）『ヒマラヤの環境誌』八坂書房、三三五頁

Zielke, F. (1972). New Muscidae species from Madagascar (Diptera). Verhandl. Naturf. Ges. Basel, 82: 145-163.

Zielke, F. (1973). Revision der Muscinae der Athiopischen Region. Dr. Junk N. V. The Hague, 199pp.

昆虫名索引

Acrichaeta 192
Aedes polynesiensis 84
Annaria 175
Anopheles farauti 36
punctulatus 36
sundaicus 36
Apodecna 169
Atherigona 192
Banessa tameamea 25
Calliphora fulviceps 107
toxopeusi 57
xanthura 78
Caraxes 164
Caricea 27
Chrysomya 109
chloropyga 164, 175
inclinata 165
nigripes 76, 78
pachymera 176
samarensis 91
saphyrea 176
villeneuvi 106
Chrysops silaceus 163, 164
Chrysopyrellia saphyrea 176
Cordylobia anthnpophaga 163
rhdaini 163
Delias 55
sagessa 57
Dichaetomyia atratura 89
bisetosa 89
elegans 80, 81, 82
flavocaudata 89
prodigiosa 80
tenuis 89
watasei 195
Dyscritomyia 27
Euphumosia setigera 52
Eurema timorensis 50
Faunis eumeus 187
Formosia heinrothi 53, 54
Glossina tachinoides 161
Goniophyto boninensis 28, 31
bryani 27
Haematobia stimulans 186
Haematostoma austeini 98
Hemipyrellia tagaliana 89, 90
Hoplocephalopsis 169
Huckettomyia 131
Hydrotaea 150, 176
kanoi 46

Hypobosca equina 51
Hydrotaea 150
Hypopygiopsis 109
fumipennis 108
Isomyia prasina 195
Limnophora 63
boninensis 31
flavolateralis 83
umbra 31
Lispocephala 27
Lucilia fumicosta 89
graphita 27
snyderi 27, 31
Melinda elegans 81
Musca convexifrons 203
crassirostris 203
sorbens 203
ventrosa 203
vetustissima 73, 74
Myiophaea spissa 64, 66
Neomyia caesarion 24
claripennis 132
coeruleifrons 203
greenwoodi 79, 80, 82
indica 203
lauta 203
simmondsi 80, 82
Nephila madagascariensis 178
Opyra 176
Oxysarcodexia taitensis 81, 82
Philoliche 77
Phromnia roseae 176, 181
Phumosia 87, 109
costata 89
promittens 43
Phymaleus saxosus 177
Polyconoceros alokistus 55, 57
Pseudophyllonox imperialis 77, 78
Pygophora boninensis 31
Pyrellia 97
sucharitii 98
Rhynchomya pruinosa 169
Sarcophaga 71, 198
altitudinis 156
aniyai 200
glavelyi 188
gorodkovi 156
isorokui 70
kanekoi 197
koimani 49
konakovi 188
lopesi 73
magensi 200
oshimensis 197
pseudosubrata 198
serracnda 50
shirakii 198
timorensis 49
yonahaensis 198
yuwanensis 197
Stichophthalma comadeus 188
Udara blackburni 25

【ア　行】

アカエリトリバネチョウ　86, 100
アカボシウスバシロチョウ　156
アクリケェタ　192
アナリア属　175
アニヤニクバエ　199, 200, 201
アノフェレス・スンダイクス　36
アノフェレス・ファラウティ　36
アノフェレス・プンクツラタス　36
アフリカマイマイ　29, 30
アポデクナ　169
イエバエ　58, 59, 100, 130, 139, 140, 142, 144, 145, 155
ウマシラミバエ　51
ウリンクロバエ　34, 54
ウリンクロバエ属　44
オオカバマダラ　25
オオシマニクバエ　197, 199
オオジョロウグモ　178
オオベニハゴロモ　176
オオミツバチ　133, 134, 141
オオミドリイエバエ　203
オガサワラキンバエ　27, 28, 31
オガサワラゴキブリ　25
オガサワラシリボソイエバエ　31
オガサワラホソニクバエ　28, 31
オキシサルコデキシア・タイテンシス　81
オキナワヒメニクバエ　198, 199
オビキンバエ　45, 59, 60, 76, 86, 87, 90, 91, 105, 106, 109, 116, 164, 165

【カ　行】

カザリシロチョウ　55, 57
カトリバエ　111, 146
カトリバエ属　31, 87
カネコニクバエ　197, 199
カノウヒメクロイエバエ　46
カメハメハタテハ　25
カラクサス属　164
キタミドリイエバエ　24
キノシタニクバエ　188
キモグリバエ　65, 67
キンバエ　27, 45, 59, 97, 108, 112, 129
キンメアブ　163, 164
クキイエバエ　129, 130
クキイエバエ属　187, 192
クチブトイエバエ　203
クリソプス・シラセウス　164
クリソミア・クロロピーガ　164
クリソミア・ニグリペス　76
クリソミア・パキメラ　176
クリソピレリア・サフィレア　178
クロオビミドリイエバエ　203
クロバエ　53, 54, 55, 57, 59, 76, 81, 92, 105, 107, 114, 169, 187
コウトウキシタアゲハ　116
コミドリイエバエ属　97
コミドリバエ　195
コワモンゴキブリ　25
ゴニオフィト・ブライアニ　27

【サ　行】

サシバエ　59, 98, 184
サマールオビキンバエ　91
サルコファガ　70, 198
サルコファガ・アルティツディニス　156
サルコファガ・イソロクイ　70
サルコファガ・ゴロコヴィ　156
シジミチョウ　25
シマバエ科　81
シュードフィロノクス・インペリアリス　77, 78
ショウジョウバエ　26, 110
シラキニクバエ　196, 199
シリボソイエバエ属　31
シロガネニクバエ　186
セマダライエバエ属　48
センチニクバエ　49, 50

【タ　行】

タテハチョウ　164
チモールキチョウ　50
チモールセンチニクバエ　49
チャオビゴキブリ　25
ツェツェバエ　55, 161, 167, 170, 171
ディケトミア・アトラツウラ　89
ディケトミア・エレガンス　80, 81
ディケトミア・テヌイス　89
ディケトミア・ビセトサ　89
ディケトミア・フラボカウダータ　89
ディケトミア・プロディギオーサ　80
ディスクリトミア属　27
トゲアシメマトイ　150, 151, 176

【ナ　行】

ニクバエ　42, 68, 70, 72, 73, 82, 102, 103, 111, 112, 156, 169, 186, 188, 195, 197
ヌカカ　110
ネオミア・シモンディ　80
ネオミヤ・グリーンウッディ　80
ノサシバエ　45

【ハ　行】

ハゴロモ　181
ハッケットミア属　131
ハナゲバエ　73, 79, 109
ハナバエ科　115
ハナレメイエバエ　150
ハラアカイエバエ　203
パプアウリンクロバエ　52
ヒトクイバエ　162, 163
ヒドロテア　150
ヒポピギオプシス属　109
ヒポピギオプシス・フミペンニス　108
ヒメイエバエ　151
ヒメクロイエバエ　46
ヒメクロバエ　176, 177
ピレリア・スチャリティ　98
ファウニス・ユメウス　187
フィロリケ属　77
フォルモシア・ヘインロティ　54

フォロムニア・ロセアエ　181
フタスジイエバエ　73, 74, 123, 142, 203
フモシア　87, 109
フモシア・コスタータ　89
フモシア・プロミテンス　43
フローレスセンチニクバエ　49
フンバエ　129
ブユ　156, 158
ヘマトストマ・アウステイニ　98
ヘマトビア・スティムランス　186
ヘミピレリア・タガリアーナ　89
ホソハナレメイエバエ属　27
ホプロケファロプシス　169
ボニンミズギワイエバエ　31
ポリネシアヤブカ　84
ポリコノセラス・アロキスタス　55

【マ　行】

マイマイミズギワイエバエ　31
マーゲンスニクバエ　200
マルイエバエ類　109
ミイオファエア・スピッサ　66
ミズギワイエバエ　54, 73, 74, 83, 111, 146, 154, 204
ミズギワイエバエ属　31, 63, 73
ミドリイエバエ　66, 79, 80, 83, 129, 132, 171, 203
ミドリシジミ　188
ムカシアブ　77
ムスカ・ベツスティシーマ　73
ムラサキワモンチョウ　188
メマトイ　123, 124
メリンダ・エレガンス　81

【ヤ　行】

ヤエヤマイエバエ　203
ヤドリバエ　54, 65, 76, 96, 158, 188
ヤブカ　84, 110
ユワンセンチニクバエ　197
ヨナハニクバエ　198, 199

【ラ　行・ワ・行】

リムノフォラ・フラヴォラテラリス　83
リュウキュウミドリイエバエ　203
リンコミア・プルイノーサ　169
ルシリア・グラフィータ　27
ルシリア・フミコスタ　89
ローダインコブバエ　162, 163
ロペスニクバエ　73
ワタセハナゲバエ　195
ワモンゴキブリ　25, 52
ワモンチョウ　187, 188

著者紹介

篠永　哲（しのなが・さとし）

1936年生まれ。元・東京医科歯科大学助教授。医学博士。少年時代からの昆虫好きが高じて、医学昆虫学の分野に進み、衛生害虫としてのハエにかかわること40年あまり。国内外に著名なハエ学者にして、名うてのムシ捕り名人。専門の衛生昆虫学に研鑽を積むかたわら、写真・ランニング・登山・魚料理・読書など多彩な趣味をものにする。

現在：東京医科歯科大学非常勤講師。

主な著書：『海外旅行のための衛生動物ガイド』（共著）全国農村教育協会1996、『虫の味』（共著）八坂書房1996、『日本の有害節足動物』（共著）東海大学出版会1997、『ハエ学』（共著）東海大学出版会2001、『日本のイエバエ科』東海大学出版会2003、ほか多数。

ハ　エ —人と蝿の関係を追う—

2004年5月25日　初版第1刷発行

著　　者　篠永　哲
発 行 者　八坂立人
印刷・製本　モリモト印刷㈱

発 行 所　㈱八坂書房
〒101-0064 東京都千代田区猿楽町1-4-11
TEL. 03-3293-7975　FAX. 03-3239-7977
郵便振替00150-8-33915

ISBN 4-89694-842-4